\出るところだけ網羅した103問/

最短合格！
MOS
Word 365
徹底演習

じゃぱそん 著

Pass in the shortest time!

日本能率協会マネジメントセンター

本書の内容に関するお問い合わせについて

　平素は日本能率協会マネジメントセンターの書籍をご利用いただき、ありがとうございます。

　弊社では、皆様からのお問い合わせへ適切に対応させていただくため、以下①〜④のようにご案内いたしております。

---

①お問い合わせ前のご案内について

　現在刊行している書籍において、すでに判明している追加・訂正情報を、弊社の下記 Web サイトでご案内しておりますのでご確認ください。

https://www.jmam.co.jp/pub/additional/

②ご質問いただく方法について

　①をご覧いただきましても解決しなかった場合には、お手数ですが弊社 Web サイトの「お問い合わせフォーム」をご利用ください。ご利用の際はメールアドレスが必要となります。

https://www.jmam.co.jp/inquiry/form.php

　なお、インターネットをご利用ではない場合は、郵便にて下記の宛先までお問い合わせください。電話、FAX でのご質問はお受けいたしておりません。
〈住所〉　〒103-6009　東京都中央区日本橋 2-7-1　東京日本橋タワー 9F
〈宛先〉　㈱日本能率協会マネジメントセンター　ラーニングパブリッシング本部　出版部

③回答について

　回答は、ご質問いただいた方法によってご返事申し上げます。ご質問の内容によっては弊社での検証や、さらに外部へ問い合わせることがございますので、その場合にはお時間をいただきます。

④ご質問の内容について

　おそれいりますが、本書の内容に無関係あるいは内容を超えた事柄、お尋ねの際に記述箇所を特定されないもの、読者固有の環境に起因する問題などのご質問にはお答えできません。資格・検定そのものや試験制度等に関する情報は、各運営団体へお問い合わせください。

　また、著者・出版社のいずれも、本書のご利用に対して何らかの保証をするものではなく、本書をお使いの結果について責任を負いかねます。予めご了承ください。

はじめに

＼ 無駄のない１０３問で最短合格 ／

本書のコンセプト

　本書は、「問題数を極力少なく」かつ「すべて解ければ合格レベルの実力が身につく」をコンセプトに作成しました。

　以前、著者自身がMOS Wordを勉強した経験や、著者の講座の受講生の声から感じていたのは、市販のテキストの勉強効率の悪さです。

●やり方が何通りもあって混乱する

●説明が多くて、どれが試験で必要な知識かわからない

●模擬試験で同じような問題が何度も出てくる

　もちろん網羅性に関しては素晴らしいのですが、より学習効率を重視した本が選択肢としてあったらいいのに、と考えておりました。そんな中で書籍化のお話をいただき、まさに上記の悩みを解決できるように作成したものが本書です。

●最も効率的な（覚えやすい・速い・簡単な）やり方を伝える

●解くために必要な知識に絞る

●同じような問題は出さず、漏れ・被りなく＆無理なく学べる問題数を収録する

本書の使い方

　本書のメインパートは演習問題（第１章「文書の管理」から第６章「文書の共同作業の管理」まで）です。効率的に学習を進めるために、以下の２ステップで活用することをおすすめします。

１．**演習問題を、解説を読みながら実際に操作してみる**

　　すでに操作に自信がある場合は、いきなり問題にチャレンジしてもかまいません。ただ、このタイミングであれこれ悩むのは時間がもったいないです。わからなければ迷わず解説を読み、やり方を学びましょう。

２．**解説を読まずに、演習問題にチャレンジしてみる**

　　本番に近い形で、解説を読まずに今の実力で解いてみましょう。目的は、理解が怪しい箇所を洗い出すことです。できない問題があっても落ち込まずに、前向きに捉えましょう。１周目は、できなかった問題・時間がかかった問題に忘れずにマークを付けます。２周目は、マークした問題だけを解いてみます。すべての問題が解けるようになるまで、３周目、４周目、……と繰り返しましょう。終わる頃には、合格を目指せるレベルの実力が身についています。

著者がMOSを学習したのは、コンサル会社を独立してからです。まず感じたのは、「もっと早く勉強しておけばよかった」ということ。コンサル会社でExcelやPowerPointなどのOffice製品をバリバリ使っていたにもかかわらず、知らなかった便利機能がたくさんあったのです。どのタブにどんな機能があるのかを体系的に知れたため、「あの機能、どこにあったかな……」と探す時間も減りました。

　MOSに関して「受ける意味がない」「実務で役立たない」などの意見もあるようですが、断言します。MOSは実務で役に立ちます。そのためには、「試験に受かること」ではなく、「合格後に実務で使いこなすこと」を目的に、学習を進めることです。

合格した方の声

　最後に、著者の教材を通じてMOSに合格した方の「声」を紹介します。

　「長年のExcelコンプレックスみたいなものが解消されて、世界が広がったなという感じがします。目標だったExcelシートの作成も、楽しみながら始めています」

　「学んだ機能を仕事で使うのが楽しみになりました」

　「講座を受けてから、ほかの分野の勉強の仕方も不思議と変わりました」

　「10月に国家試験が控えていて、去年からコツコツと勉強しています。今までの勉強は詰め込み型でテキストを丸暗記するスタイルでしたが、講座を受けてから、テキストはさらっと見ただけで問題演習中心の勉強に変えました。時短にもなっているし、逆に理解も深まっているし、手応えを感じています」

　本書の読者から「合格後の声」が聞けることを、楽しみにしています。

2024年6月

著者　株式会社じゃぱそん代表　田中　慎也

出るところだけ網羅した103問
最短合格！MOS Word 365徹底演習　目次

前　章　MOS Word 365の受験準備

第 3 章　表やリストの管理

第 4 章　参考資料の作成と管理

第 5 章　グラフィック要素の挿入と書式設定

第 6 章　文書の共同作業の管理

本書の演習素材ダウンロードと学習環境

本書の学習にあたり、演習用ファイルのダウンロード方法、学習環境について
お伝えします。

1　演習用ファイルのダウンロード方法

本書の演習問題のデータは、下記URLよりダウンロードできます。

URL：https://www.jmam.co.jp/pub/9243.html

〈注意事項〉
※ダウンロードしたファイルは、個人的使用の範囲でご活用ください。再配布はご遠慮ください。
※ファイルに記載の情報は、すべて架空のものです。
※ファイルを利用したことで生じたいかなる問題についても一切の責任を負いかねます。ご了承ください。

2　演習用ファイルの使い方

ダウンロード先は、「Word」「text」「JPEG」の3フォルダに分かれています。

・**Word**：演習問題の課題となるWordデータです。例えば、第1章では、Word
フォルダ中の「1-1」と「1-2」を使用します。

・**text**：演習問題の問題文のテキストデータです。例えば、第1章第1節問題1の
テキストデータは、textフォルダ中の「1」の1です。適宜、コピーア
ンドペーストなどに使用してください。

・**JPEG**：演習問題の指定の箇所（問題71）で使用します。

3　Word操作の学習環境

本書に記載の操作方法は、2024年6月1日時点の次の環境で確認しています。
今後のバージョンアップによっては、本書に記載の手順で操作できなくなる可能
性があります。

項目	環境
OS	Windows11（バージョン 10.0.2.22631）
Word	Microsoft 365（バージョン 2301 ビルド 16.0.16924.20054）
ディスプレイの解像度	1920 × 1080
その他	Microsoft サインイン済み インターネット接続あり

前　章

―

MOS Word 365の
受験準備

1

MOS Word試験の特徴と学習の心得

学習を始める前に、MOS Word試験の特徴と学習時の心得についてお伝えします。どういった試験で、どのように学習すればよいのか、知らないまま勉強するのは非効率です。「もっと早く知っておけば……」と後悔しないよう、特徴をしっかり理解しておきましょう。

1 いつでも受験可能のため、まずは申し込む

　MOS Word試験は、全国約1,500の試験会場で、毎日のように試験が行われています。会場によっては申し込んで1週間後には受験可能です。

※随時試験の場合です。詳細は、マイクロソフト オフィス スペシャリスト（MOS）公式サイト（https://mos.odyssey-com.co.jp）をご確認ください。

　いつでも申し込めることで、いつまで経っても受験しないことにもなりやすいです。確実に合格するために、まずは試験に申し込んでしまいましょう。期日が決まれば緊張感が増し、集中力もUPします。

※おすすめの受験タイミングは、2週間〜1ヶ月後です。まずは第1章の1周目をやってみて、全体を2周するのにどれくらいかかるかを見積もった上で決めると良いでしょう。なお、受験が1ヶ月以上先だと中だるみしやすいので、注意しましょう。

✏ COLUMN

すぐ申し込むことの重要性：著者のトライアスロン体験談

　著者は2023年の3月時点で、トライアスロン未経験でした。「やってみよう」と決めてから最初に行ったことが、大会への申し込みです。トライアスロンではスイム1.5km、バイク40km、ラン10kmの完泳・完走を目指します。当時の著者は、まだロードバイクなどの必需品も持っていなければ、ハーフマラソン（ラン20kmのみ）を走りきるのがやっとの状態でした。

　出場を決めたのは5月27日の館山トライアスロン。実際に申し込んだことで「参加できたらいいな」程度の状況が「当日までに準備しないとまずい」に変わったのです。結果、無事に完泳・完走できました。申し込みから大会までおよそ3ヶ月の間で、ロードバイクやウェットスーツを買いそろえ、ほぼ毎日のように自主練に励みました。抜かりなく準備できたのは、すでに申し込みを終え、参加する日程が決まっていたからです。「すべての準備が整ってから申し込もう」なんて考えていたら、いまだに申し込みすらしていなかったかもしれません。

2 実技試験に向けて手を動かす

　MOS Word試験では、実際にWordファイルを操作します。マークシート試験の選択問題や○×問題のように知識だけが問われることはなく、知識を活用してアウトプットする必要があります。そのため、学習時にも実際にWordを動かすことを意識しましょう。解説を読むだけでは、わかった気になるだけで、いざやろうしてもできない、なんて状態になりかねません。

　Wordの操作を覚えるのは、スポーツのようなものです。例えば、あなたが今、一輪車に乗れない状態だとします。どうやって練習するでしょうか。一輪車の参考書を読むだけでは、いつまで経っても乗れるようになりません。重要なのは、実際に一輪車に乗ることです。Wordも一緒です。パソコンを開き、実際にWordを動かしながら学習を進めましょう。

3 7割目指して基礎を重視する

　MOS Word試験は、7割正解すればほぼ確実に合格できます。基礎問題さえ解ければ、応用的な問題はできなくても問題ありません。

　本書でも、まずは手順どおりに問題が解けるようになることを重視しましょう。細かい補足もしていますが、後回しでかまいません。

※応用問題は全体の1割程度出題されます。
※合格基準点は、1,000点満点中550〜850点と公表されていますが、直近の傾向では700点固定です。
※第1章から第6章までで出題している問題はすべて基礎です。応用問題は、補章第1節「合格をより確実にするための応用」で別途扱います。

4 各章バランス良く、苦手分野を作らない

　試験本番では、全6分野（本書の全6章）からバランス良く出題されます。「本書の第1章からは1問も出題されなかった」「本書の第3章の問題が半分以上だった」なんてことは、まずありません。そのため、極端に苦手な章を作らないよう、学習もバランス良く進めましょう。

　得意不得意があるよりも、平均的にできる状態のほうが合格しやすく、実務にも役立てやすいでしょう。

※例えば、第3章「表やリストの管理」全般が苦手な場合、全35問であればそのうち5〜6問程度は表やリストに関する問題です。その5〜6問で、確実に苦戦することになります。

5 MOS Word 365試験概要

　MOS Word 365は、Wordの主な機能を利用して、文字や段落の書式設定、表の

作成・編集、変更履歴の管理など、Wordの基本的な操作を理解している方を対象とした資格です。年齢・国籍を問わず誰でも受験できます。

●受験概要

項目	内容
試験の形態	コンピュータを使った実技試験（CBT）
試験時間	50分
受験料	一般価格　10,780円（税込） 学割価格　8,580円（税込）

●出題範囲

項目	内容
文書の管理	文書内を移動する 文書の書式を設定する 文書を保存する、共有する 文書を検査する
文字、段落、セクションの挿入と書式設定	文字列を挿入する 文字列や段落の書式を設定する 文書にセクションを作成する、設定する
表やリストの管理	表を作成する 表を変更する リストを作成する、変更する
参考資料の作成と管理	脚注と文末脚注を作成する、管理する 目次を作成する、管理する
グラフィック要素の挿入と書式設定	図やテキストボックスを挿入する 図やテキストボックスを書式設定する グラフィック要素にテキストを追加する グラフィック要素を変更する
文書の共同作業の管理	コメントを追加する、管理する 変更履歴を管理する

　試験はすべて実技試験で、各試験会場に用意されたパソコンで受験します。

●受験環境

項目	内容
OS	Windows 10 Pro、Windows 11 Pro
Office 製品	Microsoft 365
日本語入力システム	Microsoft IME
キーボード	106 / 109（JIS 配列）
モニターサイズ	17 インチ以上
モニター解像度	1280 × 1024 以上
マウス	光学式 2 ボタン以上

※マイクロソフト オフィス スペシャリスト（MOS）試験概要より（https://mos.odyssey-com.co.jp/outline/word365.html）

2

Wordの基礎知識

ここではすべての問題を解く上で、共通で必要となる基礎知識をお伝えします。

単体で出題されることはありませんが、知らないと問題を解く以前につまずくことになります。実務でも利用頻度の多い操作です。ひととおり目を通しましょう。

1 行と段落

（1）行と段落の範囲

行は横1線のことで、段落は複数の行のまとまりです。Word上では記号「↵」の後ろから、次の「↵」までが段落です。

名称	範囲	入力方法
行	横1線	Shift+Enter
段落	↵の後ろから次の↵まで	Enter

```
      ⎰  ○  雨具(レインコートまたは傘)↵
行  ⎨  ○  応急処置キット(任意)↓                              段落
      ⎱      *班のうち1人は必須。誰が持って行くのか決めておくこと↵
```

（2）行と段落の選択方法

MOS Word試験では、複数の行や段落を選択する場面がたくさんあります。Wordに用意されている、行と段落を効率的に選択する機能を押さえておきましょう。文章の左側の余白のクリック・ダブルクリック・ドラッグです。

余白とは、↵よりも左側のスペースのことです。

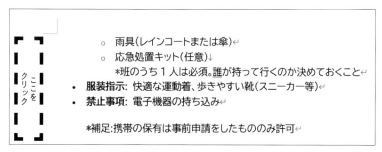

余白部分のクリックで行を、ダブルクリックで段落を楽に選択できます。

（クリックした場合）

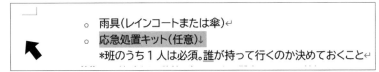

（ダブルクリックした場合）

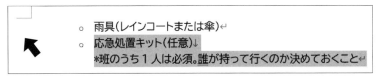

また、左側の余白をドラッグすることで複数の行・段落を選択できます。ドラッグとは、クリックしたまま移動することです。

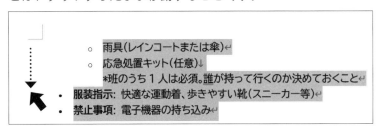

（3）CtrlとShitを使った範囲選択

複数の行を選択する場合、CtrlキーかShiftキーを押しながら余白をクリックが便利です。

Ctrlキーを押しながらクリックで、前回クリックした行から間を含めずに別の行を選択できます。Shiftキーを押しながらクリックで、前回クリックした行から間も含めて別の行を選択できます。

クリックと同時押しするキー	効果
Ctrl	間を含めずに選択
Shift	間も含めて選択

（Ctrlキーを押しながら余白をクリックした場合）

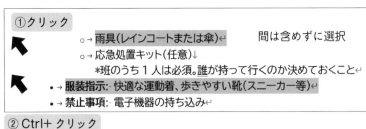

（Shiftキーを押しながら余白をクリックした場合）

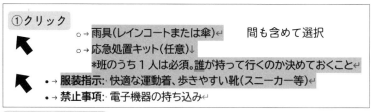

2 タブ

タブとは、Wordの画面上部に表示される〈ファイル〉〈ホーム〉などのボタンのことです。タブの中でさらにグループに分かれています。

タブをクリックするとタブの下のメニューの表示が切り替わります。

※このタブの下の名称は「リボン」です。覚えなくても問題ありません。

（↓挿入をクリックした場合）

〈挿入〉タブに所属する処理がタブの下に表示されます。

3 文字列への装飾

文字列の基本的な装飾については、試験範囲にはなっていませんが、他の操作と合わせて出題されます。前提知識として必須となるので、最低限を押さえておきましょう。

（1）装飾の位置

〈ホーム〉タブ内の〈フォント〉グループに機能がまとまっています。

（2）基本的な装飾機能

それぞれのボタンの装飾機能（できること）は、下表のとおりです。

ボタン	装飾機能
B	**太字**
I	*斜体*
U	下線
游ゴシック ▾	フォントの変更
10 ▾	フォントサイズの変更
A	効果
✎	蛍光ペン
A	フォントの色

※出題されやすい装飾機能のみ掲載しています。

3 時短＆正確な操作テクニック

知っておくと時短かつミスを減らせる操作テクニックについてお伝えします。

MOS試験は、覚える知識がたくさんあります。丸暗記では学習が大変で、試験が終わったらまったく覚えていない……なんてことにもなりかねません。その場しのぎの暗記となりにくく、実務でも活用しやすい操作テクニックをお伝えします。

1 ショートカットキーで覚える

よく使う操作や、覚えやすいものはショートカットキーで覚えてしまいましょう。ショートカットキーとは、同時押しすることである操作が行える、特定のキーの組み合わせのことです。有名なものではCtrl+Cでコピー、Ctrl+Vで貼り付けなどがあります。

※+は同時押しを意味します。

ショーカットキーで覚えるメリットは、以下の2つです。

（1）メリット1．速い

ショートカットキーは、マウスで操作するよりも速く該当の操作を行えます。例えば、選択した文字列を太字にする場合、通常の操作だと以下の3ステップ必要です。

1．（別のタブが開かれている場合）タブをクリックする
2．リボンから太字のボタンを探す
3．ボタンをクリックする

ショートカットキーであれば、1ステップです。

1．Ctrl+Bを入力する

（2）メリット2．覚える情報量が減る

ショートカットキーで覚える必要があるのは、キーの組み合わせだけです。

場所が複雑な操作については、通常は「○○のタブの」「このあたりの位置の」「こんなマークのボタン」など、たくさんの情報を覚えなければなりません。

ショートカットキーであれば、覚えるのは「Ctrl+○」だけです。

良いところばかりのショートカットキーですが、すべての操作をショートカットキ

ーで行おうとすると覚える量が増え、かえって混乱します。本書では、特に覚えやすいショートカットキーについては、積極的に利用する方法で手順をお伝えします。

2 右クリックを多用する

　ショートカットキーと同じく有効なのが、右クリックです。右クリックを効果的に使うと、タブを経由するよりも覚えやすく、かつ速く希望の操作が行えます。使い方は以下のように簡単です。

　1．操作を行いたい場所に移動して右クリック

　2．右クリックメニューから操作を選択

　ステップ1の右クリックを行った場所によって、メニューに表示される操作が変わります。例えば、表の上で右クリックした場合、〈セルの分割〉〈表のプロパティ〉など、表に対してよく行う操作が候補に出てきます。

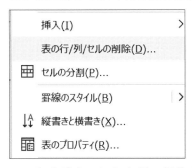

　一部を除き、ほとんどの操作がこの右クリックから行えます。右クリックから行える操作は「どのタブのどのあたりの位置にあるのか」を覚える必要もありません。

　本書では、右クリックで行える操作は基本的に右クリックから行う方法で手順をお伝えします。

> ┌ memo
> **右クリックは、操作を行いたい対象の上で行う**
> 　右クリックは、操作を行いたい対象の上で行いましょう。
> 　表に対して何か操作をしたいなら、表の上で右クリックです。

Shift+F10で右クリック

右クリックにもショートカットキーが存在します。Shift+F10です。

ショートカットキーの場合、マウスポインターの位置と関係なく、現在のカーソル（点滅している|マーク）上で右クリックメニューを起動できます。

覚え方は、少し（Shift）不（F）自由（10）です。

右クリックは、操作したい対象の上で行う必要があり、少し不自由です。「少し（ShiftのS）、不（F）じゆう（10）な右クリック」でShift+F10です。Windowsの右クリックがキーボードで行えるため、Wordに限らず使えて、非常に便利なショートカットです。関連づけて覚えましょう。

3 タブの用途を覚える

ショートカットキーを覚えていない操作、右クリックではできない操作は、タブから選択する必要があります。

どのタブにどんな処理がまとまっているのかを知っておくと、行いたい処理を探しやすくなります。

（1）常に表示されているタブの用途

各タブの用途を以下の表にまとめました。まずはざっくり知っておきましょう。具体的な処理内容は、問題演習後に理解すればOKです。問題演習を経た後でこの表を見ると、より理解が深まるはずです。

タブの名称	用途
ファイル	ファイル自体への設定・操作
ホーム	文書内の一部の文字列への装飾・設定
挿入	パーツの挿入
デザイン	文書全体のデザイン
レイアウト	文書全体のレイアウト
参考資料	参考となる情報の挿入
校閲	複数人で作業する場合の便利機能
表示	パソコン上の見た目

（2）選択時に追加で表示されるタブに注目

普段は表示されておらず、対象を選択している間にのみ追加で表示されるタブもあります。例えば、ヘッダー編集時にはタブが右端に表示されます。

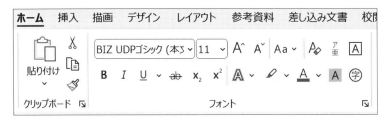

表示されたタブには、行いたい操作が含まれている可能性が高いです。

タブの名称	表示タイミング	主な用途
ヘッダーとフッター	ヘッダー / フッター編集時	ヘッダー / フッターの編集
テーブルデザイン	表選択時	表の見た目の編集
レイアウト		表のレイアウトの編集
図の形式	画像選択時	図に関する設定

常に表示されているタブと異なり、追加で表示されるタブの用途は、覚えなくても問題ありません。操作したい対象を選んだときに、自動でタブが追加されるので、「今追加されたタブ内に、行いたい操作がありそうだな」と、そのタブ内を優先的に探してみましょう。

4 確定はEnterキーで行う

ウィンドウ上で設定を変更した後、〈OK〉や〈挿入〉などの操作を確定するボタンは、マウスでクリックせずに、Enterキーで入力すると効率的です。試しに、ウィンドウの値を操作して、Enterキーで確定させてみましょう。

① 〈ホーム〉タブの 〈フォント〉 グループの ⤢ をクリックして、フォントウィンドウを開きます。

※Wordを起動して試してみましょう。新規ファイルで問題ありません。

② 〈スタイル〉を〈太字〉に変更します。

③Enterキーを入力します。

※ 〈OK〉ボタンのクリックの代わりになります。

④文字を入力してみます。太字が反映されていればOKです。

　注意点は、Enterキーでは確定できないケースもあることです。Enterキー入力時に押されるのは、周りが青い罫線で囲まれているボタンです。

（青い罫線で囲まれているボタン）

（青い罫線で囲まれていないボタン）

　他のボタンをクリックするなど、操作によってはこの青い罫線が、確定するボタンから外れてしまうことがあります。その場合は、通常どおりクリックで操作しましょう。

※確定するボタンから青い罫線が外れている状態でEnterキーを入力しても、他のボタンが押されるだけです。
※青い罫線が外れることはまれなので、試しにEnterキーを押してみて、他のボタンが押されてしまう場合のみマウスで対応すれば問題ありません。

> **memo**
>
> **Escでウィンドウを閉じる**
>
> 　Escキーを入力するとウィンドウが閉じます。

5 文字列・見出しへの移動は検索で効率的になる

「文字列XYZを〇〇しなさい」「XYXの見出しに〇〇してください」など、文書内の文字列や見出しを対象に、操作を行う問題がよく出題されます。見出し・文字列は目視で探さずに検索しましょう。

※実際の操作方法は、演習問題で画像付きで解説します。

6 問題文からコピペで時短＆正確になる

MOS Word試験では、操作するWordファイルの画面下部に常に問題文が表示されています。

この問題文は、コピーアンドペーストが可能です。積極的に活用すると、時短になり入力ミスも防げます。コピーアンドペーストが効果的なものは、下表のとおりです。

種類	理由
文字列	特に長文の場合、手入力では誤字脱字しやすいです。
記号	入力方法に迷わずに済みます。
数値	「1.5」「2998」「180」「1.25」など、細かい値は間違いやすく、間違えていても気づきにくいです。
半角 / 全角または大文字 / 小文字	問題文の文字列を使用すれば、必ず指示どおりに入力できます。

01

第 **1** 章

一

文書の管理

1-1

文書内を移動する

最初に学ぶのは、文書内の移動です。単体では出題されませんが、特定の文字列や見出しに移動した上で操作を行う問題が多く出題されます。移動に時間がかかっていては、大きなロスにつながります。素早い方法をマスターしましょう。
　　ここでは、Wordファイル「1-1」とtextファイル「1」を使用します。

Wordファイル「1-1」

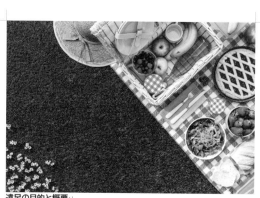

遠足の目的と概要

- **目的**: 学生たちに自然の美しさを体験させ、クラスメイトとの絆を深める
- **日時**: 2024 年 3 月 15 日 8:00～17:00
- **場所**: 国立公園「グリーンヴァレー」
- **対象者**: 第三学年全クラス

スケジュール概要:

- 8:00　集合・出発
- 10:00　公園到着・オリエンテーション
- 12:00　ピクニックランチ
- 13:00　探索活動
- 15:00　集合・ハイキング
- 17:00　帰校

1 文字列を検索する

問題1 文書内の「ハイキング」を検索し、太線を設定してください。

問題1 解説

①Ctrl+Fを入力し、〈ナビゲーションウィンドウ〉を起動します。

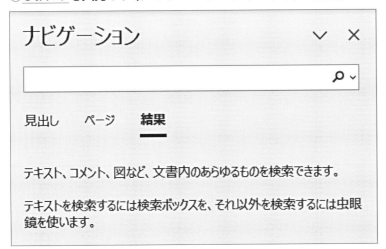

② 〈ナビゲーションウィンドウ〉の〈文章の検索〉欄に文字列「ハイキング」を入力します。

※問題文からコピーアンドペーストすると、速く確実です。

③文書中の「ハイキング」の文字が黄色くハイライトされます。

スケジュール概要: ↵

- ○ 8:00 集合・出発↵
- ○ 10:00 公園到着・オリエンテーション↵
- ○ 12:00 ピクニックランチ↵
- ○ 13:00 探索活動↵
- ○ 15:00 集合・ハイキング↵
- ○ 17:00 帰校↵

④**Enterキーを入力します。**「ハイキング」の文字が選択状態（網掛け状態）になります。

> ○　13:00　探索活動↵
> ○　15:00　集合・ハイキング↵
> ○　17:00　帰校↵

※検索結果が複数ある場合、Enterキーを入力するごとに選択範囲が次の検索結果に移動します。**問題1**では1つだけのため、Enterキーを何回入力しても選択範囲は移動しません。

⑤　**〈ホーム〉タブの〈フォント〉グループからBを選択します。**

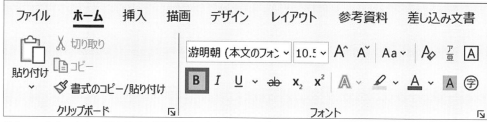

※ショートカットキーCtrl+Bでも選択範囲を太字にできます。BはBoldのBです。
※Ctrl+Bで太字にする場合、一度Escキーを入力して検索を中断してから、ショートカットキーを入力する
　必要があります。

> ┌ memo ┐
>
> ## Ctrl+FのFはFind
>
> 　Ctrl+Fで〈ナビゲーションウィンドウ〉が開き、検索ボックスに文字が入力できる状態になります。FはFind（探す）のFで覚えましょう。

> ┌ memo ┐
>
> ## 〈ホーム〉タブ：文書の一部に対する装飾・設定
>
> 　蛍光ペン・太字・下線・スタイルなど、文書の一部に対する装飾は〈ホーム〉タブです。

問題2　文書内の「任意」を検索して、検索した文字列を含む段落に下線を設定してください。

問題2　解説

①**Ctrl+Fを入力し、〈ナビゲーションウィンドウ〉に文字列「任意」を入力します。文書中の「任意」の文字が黄色くハイライトされます。**

②**「任意」の文字列を含む段落の左の余白部分をダブルクリックします。**

※左の余白は、以下の画像の★マークが付いている囲みの近辺を指します。

前章

第1章

文書の管理

第2章

第3章

第4章

第5章

第6章

補章

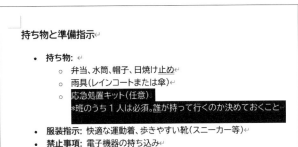

※段落左の余白部分をダブルクリックすると、その行を含む段落すべてが選択されます（以下の画像参照）。

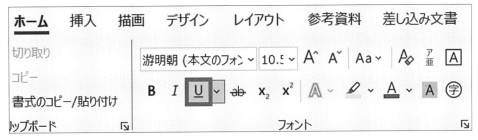

※問題2は「文字列」ではなく「文字列を含む段落」が対象です。そのため、検索対象の文字列を含む段落を選択します。

③〈ホーム〉タブの〈フォント〉グループから U を選択します。

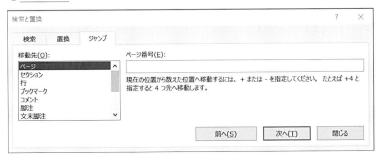

※ショートカットキー Ctrl+U でも下線を引けます。U は Underbar（アンダーバー）で覚えましょう。

問題3　ブックマーク「持ち物リスト」にジャンプし、その語句を「黄色」の蛍光ペンで強調してください。

問題3　解説

① Ctrl+G を入力します。〈検索と置換〉ウィンドウの〈ジャンプ〉タブが起動します。

② 〈移動先〉から〈ブックマーク〉を選択します。

③ 〈ブックマーク名〉にて「持ち物リスト」を選択しEnterキーを入力します。ブックマーク「持ち物リスト」の範囲が選択されます。

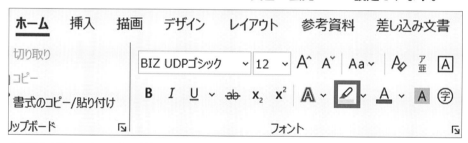

④ Escキーを入力し〈検索と置換〉ウィンドウを閉じます。

※Escキーでアクティブなウィンドウが閉じます。〈×〉をクリックするより速いです。

⑤ 〈ホームタブ〉の🖊をクリックします。黄色の蛍光ペンが設定されます。

| ホーム | 挿入 | 描画 | デザイン | レイアウト | 参考資料 | 差し込み文書 |

BIZ UDPゴシック ∨ 12 ∨ A^ A˅ Aa∨ A⬦ ア亜 A

B I U ∨ ab x₂ x² A ∨ 🖊 ∨ A ∨ A 字

切り取り
コピー
書式のコピー/貼り付け
ップボード
フォント

※初期値が黄色のため、色の選択は不要です。異なる色を指示された場合、蛍光ペンボタンの右の〈∨〉から色を選択します。

---

memo

「ジ」ーで「ジ」ャンプのCtrl+G

Ctrl+Gで〈検索と置換〉ウィンドウの〈ジャンプ〉タブが起動します。

ジャンプとG（ジー）の「ジ」の頭文字で関連づけて覚えましょう。

2 文書内の他の場所にリンクする

問題4 見出し「安全管理と緊急時対応」の行全体に、ブックマーク「安全と緊急」
を挿入してください。

問題4 解説

①Ctrl+Fを入力し、〈ナビゲーションウィンドウ〉を起動します。

②〈ナビゲーションウィンドウ〉の〈見出し〉タブをクリックします。

③〈ナビゲーションウィンドウ〉から「安全管理と緊急時対応」をクリックします。
「安全管理と緊急時対応」の先頭に移動します。

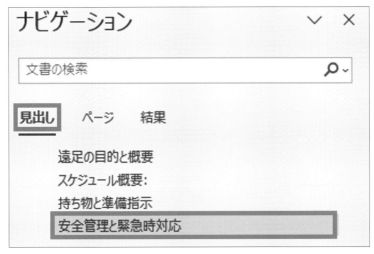

※目視で「安全管理と緊急時対応」の見出しを探しても問題ありませんが、分量が多いとなかなか大変です。
　見出しは常に〈ナビゲーションウィンドウ〉の見出しタブから探すようにするとスムーズです。

④**本文内の見出し「安全管理と緊急時対応」の左側の余白をクリックし、見出しの行**
　を選択します。

※**問題4**は行を選択する必要があります。「見出しの先頭」ではない点に注意しましょう。
※余白のクリックで行を選択できます。

⑤**〈挿入〉タブの〈リンク〉グループから〈ブックマーク〉ボタンをクリックします。**

前章

第1章

文書の管理

第2章

第3章

第4章

第5章

第6章

補章

⑥ 〈ブックマーク名〉に「安全と緊急」と入力し、Enterキーを入力します。

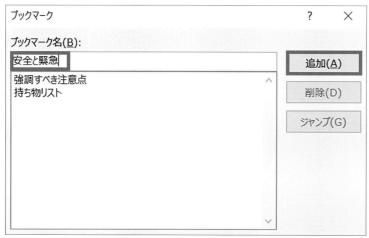

※すでに別のブックマークが登録されている場合、〈ブックマーク名〉に既存のブックマーク名が入力され、追加ボタンがグレーアウトした状態となります。別のブックマーク名を入力すると、追加ボタンが押せる状態になります。

※ブックマーク名は問題文の指示どおり「安全と緊急」です。異なるブックマーク名を付けてしまうと、誤りとなります。問題文からコピーすると確実です。

※〈追加〉ボタンはEnterキーで入力できます。マウスでクリックするよりも時短になります。

※ブックマークにジャンプすることで、動作確認できます。Ctrl+Gで〈検索と置換〉ウィンドウを開き、ブックマーク「安全と緊急」を選択し、ジャンプしてみましょう。

> memo
>
> ### 〈挿入〉タブ：パーツの挿入
>
> 　「○○を挿入」と指示があったら、〈挿入〉タブを確認しましょう。例外もありますが、第2章第3節、第4章第1節で解説します。まずは、「挿入ときたら〈挿入〉タブ」という理解で十分です。

問題5　文字列「集合時間」に見出し「スケジュール概要:」へのハイパーリンクを設定してください。

問題5　解説

①Ctrl+Fを入力し、〈ナビゲーションウィンドウ〉を起動します。

②〈ナビゲーションウィンドウ〉に文字列「集合時間」を入力します。Enterキーを入力し、文書中の文字列「集合時間」が選択された状態（網掛け状態）にします。

③〈挿入〉タブの〈リンク〉グループから🔗をクリックします。〈ハイパーリンクの挿入〉ウィンドウが起動します。

前章

第1章 文書の管理

第2章

第3章

第4章

第5章

第6章

補章

④ 〈このドキュメント内〉の〈見出し〉から「スケジュール概要:」を選択し、Enterキーを入力します。

※設定後、「集合時間」をCtrlを押しながらクリックすると、リンクの動作確認ができます。
※見出し「スケジュール概要:」の先頭に移動すれば、正しく設定できています。

> **memo**
>
> ## ハイパーリンクも〈挿入〉タブ
>
> ハイパーリンクも「パーツ」と捉えましょう。パーツの挿入は〈挿入〉タブです。

> **memo**
>
> ## ハイパーリンクの削除は右クリック
>
> ハイパーリンクが設定された文字列上で右クリックし、メニューから〈ハイパーリンクの削除〉を選択します。
>
> - ハイパーリンクの編集(H)…
> - ハイパーリンクを開く(O)
> - ハイパーリンクのコピー(C)
> - ハイパーリンクの削除(R)

3 文書内の特定の場所やオブジェクトに移動する

問題6 ジャンプを使ってブックマーク「強調すべき注意点」に移動し、移動先にスタイル「強調斜体2」を設定してください。

問題6　解説

①Ctrl+Gを入力します。〈検索と置換〉ウィンドウの〈ジャンプ〉タブが起動します。

②〈移動先〉から〈ブックマーク〉を選択し、〈ブックマーク名〉から「強調すべき注意点」を選択し、Enterキーを入力します。ブックマーク「強調すべき注意点」にジャンプします。

③Escキーを入力し、〈検索と置換〉ウィンドウを閉じます。

④〈ホーム〉タブの〈スタイル〉内の▽をクリックし、選択肢から「強調斜体2」を選択します。

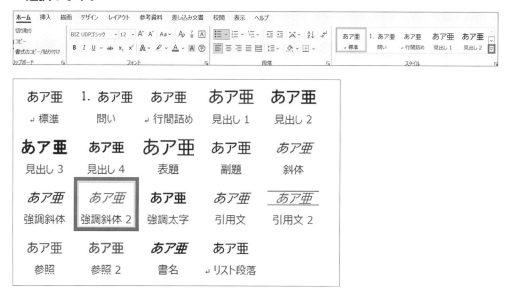

問題7　3つ目の見出しに移動し、先頭に文字列「★」を追加してください。

問題7　解説

①Ctrl+Gを入力します。〈検索と置換〉ウィンドウの〈ジャンプ〉タブが起動します。

②〈移動先〉から〈見出し〉を選択し、〈見出し番号〉に「3」を入力します。

※「○つ目の○×▲（見出し、表、図、ページなど）」と指示があった場合、ジャンプ機能を使って移動しましょう。目視で数えると、ミスをしやすいです。

③Enterキーを入力します。3つ目の見出しの先頭に移動します。

④Escキーを入力し、〈検索と置換〉ウィンドウを閉じます。

⑤「★」を問題文からコピーアンドペーストします。

※手入力（「ほし」を変換）でも問題ありません。コピーアンドペーストであれば入力方法を考える必要がなく、より確実です。

4 編集記号の表示/非表示と隠し文字を使用する

問題8 文字列「*補足」を含む行を隠し文字に設定してください。

問題8 解説

①Ctrl+Fを入力し、〈ナビゲーションウィンドウ〉を起動します。

②〈ナビゲーションウィンドウ〉に文字列「*補足」を入力します。「*補足」の文字が黄色くマーカーされます。

※文字列が指定されている場合は、目視ではなく検索しましょう。速くて正確です。
※「*補足」は問題文からコピーアンドペーストすると楽です。

③「*補足」の左側の余白をクリックし、行全体を選択します。

※問題文に「行を」と指示があるため、行全体を選択します。

④右クリックしてメニューから〈フォント〉を選択します。〈フォント〉ウィンドウが起動します。

※右クリックは、選択した行（または左側の余白）の上で行いましょう。別の場所で右クリックすると、選択が解除されてしまいます。
※Shift+F10で右クリックすると、選択中の場所で確実に右クリックが行えます。

（別解）〈ホーム〉タブの〈フォント〉の⤵をクリック

⑤〈隠し文字〉にチェックをして、Enterキーを入力します。

問題9　編集記号を表示し、「(昨年」から始まる隠し文字を解除してください。

問題9　解説

①**Ctrl+Shift+8を入力し、〈編集記号の表示/非表示〉を表示に切り替えます。**

※通常、編集記号は非表示になっています。

> (別解)〈ホーム〉タブ〈段落〉グループ内の ↵ をクリック

②**「(昨年」から始まる隠し文字「(昨年度と同様)」を選択し、右クリックメニュー から〈フォント〉を選択します。〈フォント〉ウィンドウが起動します。**

※隠し文字には下線　が引かれています。〈編集記号の表示/非表示〉を何度か切り替えると見つけやすいです。
※編集記号の表示後に「(昨年」の文字列を検索すると速いです。

③**〈隠し文字〉のチェックを外して、Enterキーを入力します。**

※「解除」のため、隠し文字の設定だけを解除します。「削除」と指示された場合は、隠し文字に設定されている文字列自体を削除します。

> **memo**
>
> ## コシ（Ctrl+Shift）をパチッ（8）として、編集記号を表示 (Ctrl+Shift+8)
>
> 　Ctrl+Shift+8で、〈編集記号の表示/非表示〉を切り替えられます。
>
> 　〈ホーム〉タブの〈段落〉グループ内の ↵ ボタンからも〈編集記号の表示/非表示〉の切り替えができますが、〈表示〉タブと間違えやすく場所が覚えにくいです。
>
> 　実務でも便利な機能なので、ショートカットキーを覚えることをおすすめします。ワードさんという人の腰をパチッと叩く様子をイメージすると、記憶しやすくなります。

文書の書式を設定する

文書の書式の設定は、どのタブに何があるのかがわかれば、方法は簡単です。どういったものが〈レイアウト〉タブで、何が〈デザイン〉タブにあるのか、傾向を掴みましょう。

引き続き、Wordファイル「1-1」とtextファイル「1」を使用します。

Wordファイル「1-1」

遠足の目的と概要

- **目的:** 学生たちに自然の美しさを体験させ、クラスメイトとの絆を深める
- **日時:** 2024 年 3 月 15 日 8:00〜17:00
- **場所:** 国立公園「グリーンヴァレー」
- **対象者:** 第三学年全クラス

スケジュール概要:

- 8:00 集合・出発
- 10:00 公園到着・オリエンテーション
- 12:00 ピクニックランチ
- 13:00 探索活動
- 15:00 集合・ハイキング
- 17:00 帰校

1 文書のページ設定を行う

問題10 文章の余白を「狭い」に設定してください。

問題10 解説

①〈レイアウト〉タブの〈ページ設定〉グループから〈余白〉ボタンをクリックします。

②選択肢から〈狭い〉を選択します。

> **memo**
>
> **〈レイアウト〉タブ：文書全体のレイアウト**
>
> 「文書の○○を」「用紙サイズを」など、文書全体のレイアウトに関する処理は、〈レイアウト〉タブです。

問題11 文章の上下の余白を「10mm」に設定してください。

問題11 解説

①〈レイアウト〉タブの〈ページ設定〉グループから〈余白〉ボタンをクリックします。
②〈ユーザー設定の余白〉を選択します。

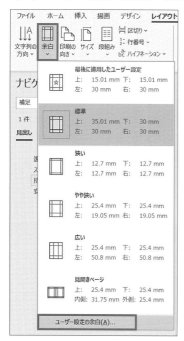

③〈上〉と〈下〉それぞれに「10」を入力し、**Enter**キーを入力します。

ページ設定		?	×
文字数と行数	余白	用紙	その他

余白

上(T):	10	下(B):	10
左(L):	12.7 mm	右(R):	12.7 mm
とじしろ(G):	0 mm	とじしろの位置(U):	左

※「mm」は省略可能です。
※左右か上下かに注意しましょう。

+α

選択肢にない設定は「その他の……」や「ユーザー設定の……」内を確認

候補には出てこないような細かい設定は、独立したウィンドウ内で行います。

選択肢に行いたい操作がない場合、選択肢の最下部「その他の……」や「ユーザー設定の……」をクリックして確認してみましょう。

問題12　用紙サイズを「A3」に設定してください。

問題12　解説

①〈レイアウト〉タブの〈ページ設定〉グループから〈サイズ〉ボタンをクリックします。

②〈A3〉を選択します。

※プリンターの設定によっては、〈A3〉が選択肢にない場合があります。規定のプリンターを「Microsoft Print to PDF」に変更して再度試してください。

2　スタイルセットを適用する

問題13　文書にスタイルセット「ミニマリスト」を設定してください。

問題13　解説

①〈デザイン〉タブのスタイルセット一覧から、〈ミニマリスト〉を選択します。

※マウスポインタを当ててしばらく待つと、名称が表示されます。
※一覧上に指定のスタイルセットがない場合は、右下の⌄をクリックするとすべての候補を表示できます。

> **memo スタイルセットの並び順**
>
> スタイルセットの並び順は、英語→カタカナ→漢字です。
>
> 「Word2023」なら最前列、「ミニマリスト」なら比較的前のほう……など、上記の並び順だけでも覚えておくと、探しやすくなるはずです。

> **memo スタイルセットは〈デザイン〉タブ、スタイルは〈ホーム〉タブ**
>
> スタイルセットは、「文書全体に対して適用されるスタイル一式」のため、〈デザイン〉タブにあります。一方、スタイルは、文書の一部に適用されるため、〈ホーム〉タブにあります。

> **memo 〈デザイン〉タブ：文書全体のデザイン**
>
> スタイルセット、ページの色、ページ罫線、透かしなど、文書全体のデザインは〈デザイン〉タブから設定します。

3 ヘッダーやフッターを挿入する、変更する

問題14 ページの下部にページ番号「チルダ」を挿入してください。

問題14 解説

①ページ内のフッター部分をダブルクリックし、ヘッダーとフッターを編集状態にします。

※編集状態になると、〈ヘッダーとフッター〉タブが表示されます。
※フッター部分とは、ページ下部の「⌐ ⌐」記号よりも下の範囲です。

フッター

② 〈ヘッダーとフッター〉タブから〈ページ番号〉をクリックします。

※①〜②については〈挿入〉タブの〈ヘッダーとフッター〉グループから〈ページ番号〉をクリックする方法もあります。ダブルクリックのほうが覚える情報が少ないため、ダブルクリックを正規の手順としています。
※ページ番号ではなく「○○のヘッダーを挿入」「○○のフッターを挿入」と指示があった場合は、〈ヘッダー〉か〈フッター〉をクリックし、表示される候補から○○を探します。

③ 〈ページの下部〉の選択肢から〈チルダ〉をクリックします。

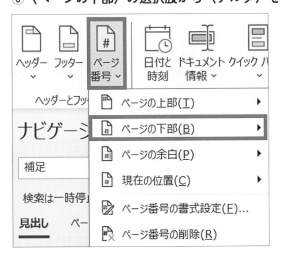

④Escキーを入力し、ヘッダーとフッターの編集を解除します。

※本文をダブルクリックでも編集が解除できます。

> **memo**
> ### 〈ヘッダーとフッター〉タブは覚える必要なし
> 〈ヘッダーとフッター〉タブは、ヘッダーかフッターをダブルクリックすれば追加で表示されるタブです。〈ヘッダーとフッター〉タブのように、追加表示されるタブは見つけやすいため、どんな操作が集まっているのか覚える必要はありません。

> **memo**
> ### ページ番号は、「シンプル」「Xページ」など、ジャンル分けされている
> 指定されたページ番号がどのジャンルに該当しそうかを意識する（「○○のみ」なら、シンプルの中かな？　など）と、探しやすくなるはずです。
>
> シンプル
> 番号のみ 1
>
> 番号のみ 2
>
> 番号のみ 3
>
> X ページ

問題15　ヘッダーに文字列「(遠足詳細)」を挿入してください。ヘッダーは右寄せします。

問題15　解説

①ヘッダー部分をダブルクリックします。ヘッダーに移動します。

※ヘッダー部分とはページ上部の「」「」記号よりも上の範囲です。

②ヘッダーに「(遠足詳細)」を入力します。

※問題文からコピーアンドペーストすると、誤入力を防げます。

③〈ホーム〉タブの〈段落〉グループから▤をクリックします。

※右揃えは、Ctrl+Rでも設定できます。RightのRです。なお、左揃えはCtrl+L（LeftのL）、中央揃えはCtrl+E（CenterのCの次のアルファベット。Cはコピーのショートカットに使われているため）です。

④Escキーを入力し、ヘッダーとフッターの編集を解除します。

+α

その他のヘッダー・フッターに挿入できる要素

　ヘッダー・フッターに挿入する要素として、「会社」や「文書のタイトル」なども出題されます。

　見慣れない要素が問題文にあったとしても、慌てずに〈ヘッダーとフッター〉タブ内を探してみましょう。挿入できる要素はすべて、〈ヘッダーとフッター〉タブ内にまとまっています。

　文書のタイトル：〈挿入〉グループの〈ドキュメント情報〉内の〈ドキュメントタイトル〉

　会社：同〈ドキュメント情報〉内の〈文書のプロパティ〉の〈会社〉

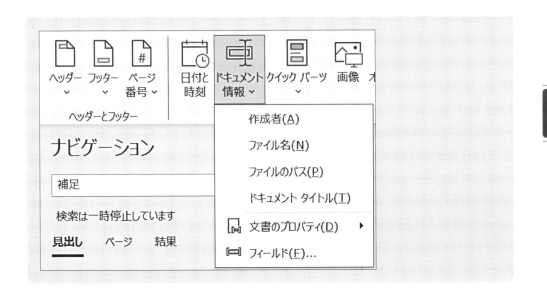

問題16　先頭ページのヘッダーとフッターを別指定にしてください。

問題16　解説

①ヘッダーをダブルクリックし、表示されるタブ〈ヘッダーとフッター〉の〈オプション〉グループから〈先頭ページのみ別指定〉をクリックします。

②Escキーを入力し、ヘッダーとフッターの編集を解除します。

4　ページの背景要素を設定する

問題17　文書に「白、背景1、黒＋基本色50%」「0.5pt」「囲む」のページ罫線を設定してください。

問題17　解説

①〈デザイン〉タブの右端〈ページの背景〉グループから〈ページ罫線〉ボタンをクリックします。

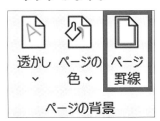

② 〈色〉に「白、背景1、黒 + 基本色50%」を指定します。

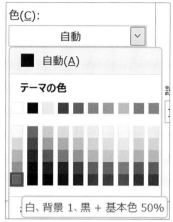

※マウスポインタを当ててしばらく待つと、名称が表示されます。

③ 〈線の太さ〉は〈0.5 pt〉、〈種類〉は〈囲む〉を選択します。

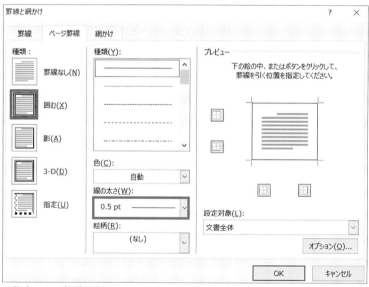

※指定のない箇所は変更しません。

④ 〈OK〉をクリックします。

memo

色の並び順

テーマの色

標準の色

　〈テーマの色〉の色ごとに並んでいる5つの固まり（画像の赤枠内）の中に「白（もしくは黒）＋基本色〇%」の色が並んでいます。上3つが「白」下2つが「黒」です。明るい順に並んでおり、白はパーセンテージが多い順、黒は少ない順です。

　まずは、〈テーマの色〉から基本となる色（「白、背景1」「青、アクセント1」など）を見つけます。そして、その下に並んでいる5つから、該当する「白（もしくは黒）＋基本色〇%」を探すと効率的です。

問題18　ページの色を「青、アクセント1、白＋基本色80%」に設定してください。

問題18　解説

①〈デザイン〉タブの右端〈ページの背景〉グループから〈ページの色〉ボタンをクリックします。

②候補から「青、アクセント1、白＋基本色80%」を選択します。

問題19　文書全体に透かし「下書き1」を挿入してください。

　　　※問題16にて設定したヘッダーとフッターの〈先頭ページのみ別指定〉の
　　　チェックを外した上で解いてください（先頭ページのみ別指定の状態では、
　　　透かしを文書全体に設定できません）。

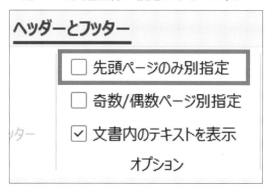

問題19　解説

①〈デザイン〉タブの右端〈ページの背景〉グループから〈透かし〉ボタンをクリックします。

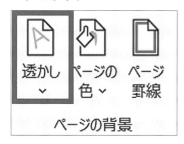

②候補から〈下書き1〉を選択します。

+α

透かしの削除

　透かしの削除は、〈透かし〉ボタンクリック後の候補〈透かしの削除〉から行えます。

memo　**ユーザー設定の透かし**

　〈透かし〉ボタンクリック後の候補〈ユーザー設定の透かし〉から、オリジナルの透かしが設定できます。

1-3

文書を保存する、共有する

文書の保存は、実務でも頻繁に行う操作です。スムーズな方法をマスターしましょう。

引き続き、Wordファイル「1-1」とtextファイル「1」を使用します。

Wordファイル「1-1」

遠足の目的と概要

- **目的:** 学生たちに自然の美しさを体験させ、クラスメイトとの絆を深める
- **日時:** 2024年3月15日 8:00～17:00
- **場所:** 国立公園「グリーンヴァレー」
- **対象者:** 第三学年全クラス

スケジュール概要:

- 8:00 集合・出発
- 10:00 公園到着・オリエンテーション
- 12:00 ピクニックランチ
- 13:00 探索活動
- 15:00 集合・ハイキング
- 17:00 帰校

1　別のファイル形式で文書を保存する、エクスポートする

問題20　文書に「1章」と名前を付けてデスクトップにPDF形式で保存してください。保存後、自動的にファイルを開かない設定にします。

問題20　解説

①**F12キーを入力します。〈名前を付けて保存〉ウィンドウが起動します。**

※〈名前を付けて保存〉ウィンドウは、〈ファイル〉タブの〈コピーを保存〉内の〈その他のオプション〉からでも起動できます。

②**デスクトップを選択します。**

※試験では、デスクトップに保存用のフォルダがあらかじめ作成されています。

③**〈ファイル名〉に「1章」と入力し、〈ファイルの種類〉から「PDF」を選択します。**

※ファイルの識別子「.pdf」は省略可能です。

④**〈発行後にファイルを開く〉にチェックが付いていないことを確認し、Enterキーを入力します。**

---

 memo

F12で自由に（じゅうに）保存

〈名前を付けて保存〉ウィンドウは、F12キーで起動できます。

「Fileを自由（じゆうに→12）に保存」で関連づけて覚えてしまいましょう。

〈ファイル〉タブからでは奥まった場所にあり、わかりにくいです。

PowerPointやExcelなどでも共通して使えるショートカットキーです。

---

memo

ほかの保存形式

ほかに出題される保存形式として「Word97-2003のテンプレート」「テキストファイル」「リッチテキスト」などがあります。〈ファイルの種類〉から、適切なものを選択しましょう。

2　組み込みの文書プロパティを変更する

問題21　タイトルに「3年遠足企画書」を設定してください。

問題21　解説

① 〈ファイル〉タブから〈情報〉をクリックします。

② 〈プロパティ〉の〈タイトル〉に、「3年遠足企画書」を入力します。

※問題文からコピーアンドペーストすると確実です。

> **memo**
>
> ### 〈ファイル〉タブ：Wordファイル自体への設定
>
> 文書プロパティの設定や文書の検査など、Wordファイル自体への設定は、〈ファイル〉タブです。

問題22　プロパティのキーワードに「年間行事」を設定してください。

問題22　解説

① 〈ファイル〉タブから〈情報〉をクリックします。

前章

第1章

文書の管理

第2章
第3章
第4章
第5章
第6章
補章

② 〈プロパティ〉内の〈詳細プロパティ〉をクリックします。

※ 〈情報〉の画面上に存在しないプロパティを修正するには、〈詳細プロパティ〉または〈プロパティをすべて表示〉を開きます。

③ 〈キーワード〉に「年間行事」と入力し、Enterキーを入力します。

画面にないプロパティは、〈詳細プロパティ〉と〈プロパティをすべて表示〉をチェック

〈詳細プロパティ〉と〈プロパティをすべて表示〉では、表示される項目と項目名が異なります。画面にないプロパティは、〈詳細プロパティ〉と〈プロパティをすべて表示〉の両方を開けば、必ず見つかります。片方だけでは見つからない項目もあるため、注意しましょう。

なお、〈詳細プロパティ〉には「状態」がなく、「タグ」は「キーワード」、「会社」は「会社名」として表示されます。

+α
複数設定はセミコロン「;」で区切る

1つのプロパティに複数の値を設定する場合は、セミコロンで「;」で区切ります。

例えば、キーワードに「年間行事」と「イベント」の2つを設定したい場合は「年間行事;イベント」と入力します。

3 印刷の設定を変更する

出題される可能性が低いため、補章で解説します。

4 電子文書を共有する

出題される可能性が低いため、補章で解説します。

文書を検査する

検査後の修正までがワンセットで出題されます。検査した後に何をすればよいのかを、問題文から正確に捉えましょう。

ここでは、Wordファイル「1-1」、Wordファイル「1-2」、textファイル「1」を使用します。

Wordファイル「1-1」

遠足の目的と概要

- **目的:** 学生たちに自然の美しさを体験させ、クラスメイトとの絆を深める
- **日時:** 2024 年 3 月 15 日 8:00〜17:00
- **場所:** 国立公園「グリーンヴァレー」
- **対象者:** 第三学年全クラス

スケジュール概要:

- 8:00 集合・出発
- 10:00 公園到着・オリエンテーション
- 12:00 ピクニックランチ
- 13:00 探索活動
- 15:00 集合・ハイキング
- 17:00 帰校

1 隠しプロパティや個人情報を見つけて削除する

問題23 ドキュメント検査を行い、隠し文字をすべて削除してください。その他の
項目は削除しないこと。

問題23 解説

① 〈ファイル〉タブ内の〈情報〉から、〈問題のチェック〉をクリックします。

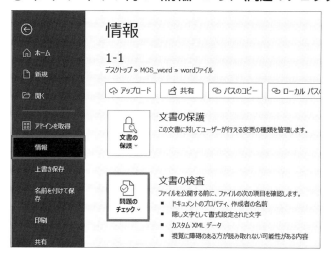

② 〈ドキュメント検査〉を選択し、Enterキーを押して検査を実行します。

※「ドキュメント検査で削除されたデータは、後から復元できない可能性があるため、必ず変更を保存して
ください。今すぐファイルを保存しますか？」などのメッセージが出た場合は、「はい」を選択します。

③ 検査結果の最下部〈隠し文字〉の〈すべて削除〉をクリックします。

※その他の項目は削除しません。削除すると誤りとなります。

前章

第1章

文書の管理

第2章

第3章

第4章

第5章

第6章

補章

④Escキーを入力し、検査ウィンドウを閉じます。

---

memo

インクの検査にはチェックが必要

　ドキュメント検査の項目のうち、〈インク〉だけは初期値でチェックが付いていません。

　「ドキュメント検査を行い、インクをすべて削除」などの指示があった場合、〈インク〉にチェックを付けてから検査を実行するようにしましょう。

2　アクセシビリティに関する問題を見つけて修正する

問題24　アクセシビリティチェックを行い、一番上のエラーを修正してください。おすすめのアクションの上側の項目を選択し、図表の代替テキストは「ピクニックの写真」とします。

問題24　解説

① 〈ファイル〉タブ内の〈情報〉から、〈問題のチェック〉をクリックします。

② 〈アクセシビリティ チェック〉を選択します。検査が行われ、右側に〈アクセシビリティ〉ウィンドウが起動します。

③ 検査結果の一番上のエラーを展開し、〈おすすめアクション〉の上側の項目〈説明を追加〉をクリックします。

※問題文に「おすすめのアクションの上側の項目を選択」とあるため、2つあるおすすめアクションのうち、上側を選びます。ほとんどの場合、指示されるのは一番上の項目です。

④代替テキストに「ピクニックの写真」を入力します。

※問題文からコピーアンドペーストすると確実です。

⑤〈代替テキスト〉ウィンドウの〈×〉をクリックして閉じ、〈アクセシビリティ〉
ウィンドウも同様に〈×〉をクリックして閉じます。

※代替テキストには〈保存〉や〈確定〉ボタンがありません。誤って改行などを余計に入力しないよう、注
　意しましょう。

※ピクニックの写真を右クリックし、「代替テキストを表示」を選ぶと、代替テキストの中身を確認できます。

検査の異なる表現に注意

　「文書の個人情報をすべて削除」「読みにくいテキストがないかチェック」など、
異なる表現で出題されることがあります。

　「隠しプロパティ」「個人情報」なら〈ドキュメント検査〉、「読みにくい」なら〈ア
クセシビリティ チェック〉を実行しましょう。

　〈ファイル〉タブ内の〈情報〉から、〈問題のチェック〉をクリックして候補を表
示すれば、それぞれの検査で何ができるのかを確認できます。

ドキュメント検査(I)
文書に隠しプロパティや個人情報がないかどうか
をチェックします。

アクセシビリティ チェック(A)
視覚に障碍のある方にとって読み取りにくい内容
が文書に含まれていないかどうかをチェックします。

互換性チェック(C)
以前のバージョンの Word でサポートされていな
い機能があるかどうかをチェックします。

ここからは、Wordファイル「1-2」とtextファイル「1」を使用します。

Wordファイル「1-2」

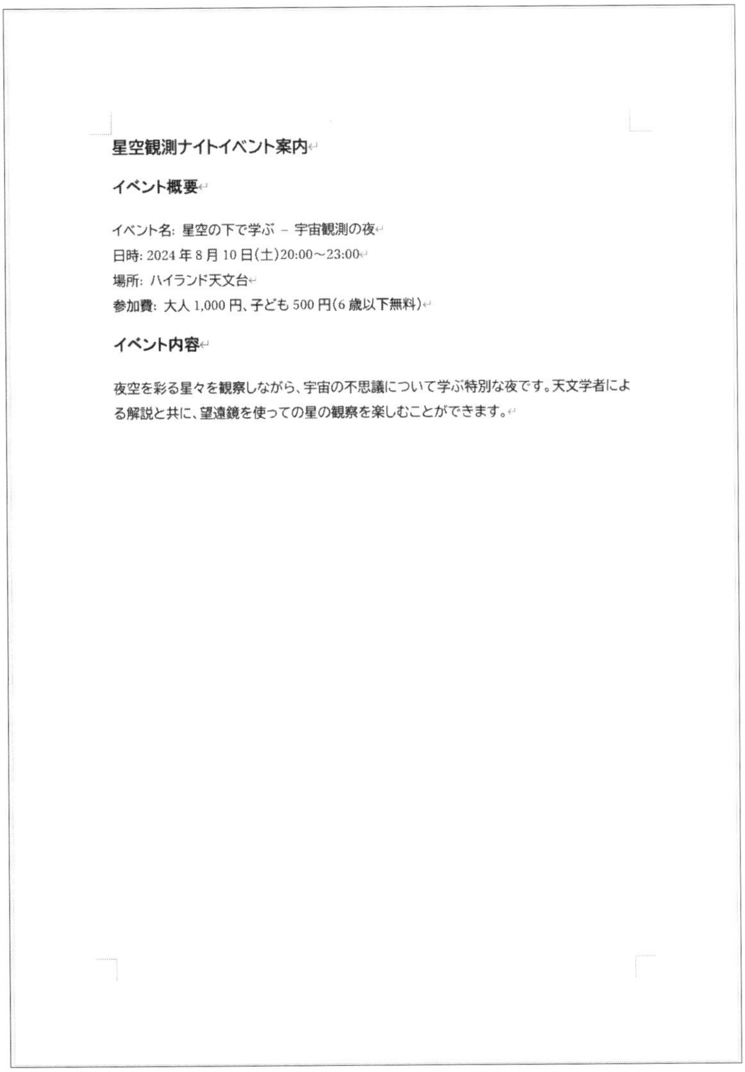

星空観測ナイトイベント案内

イベント概要

イベント名: 星空の下で学ぶ – 宇宙観測の夜
日時: 2024 年 8 月 10 日(土)20:00～23:00
場所: ハイランド天文台
参加費: 大人 1,000 円、子ども 500 円(6 歳以下無料)

イベント内容

夜空を彩る星々を観察しながら、宇宙の不思議について学ぶ特別な夜です。天文学者による解説と共に、望遠鏡を使っての星の観察を楽しむことができます。

3 下位バージョンとの互換性に関する問題を見つけて修正する

問題25　互換モードを解除してください。メッセージが表示された場合はOKをクリックします。

問題25　解説
① 〈ファイル〉タブ内の〈情報〉から〈変換〉をクリックします。互換モードが解除されます。

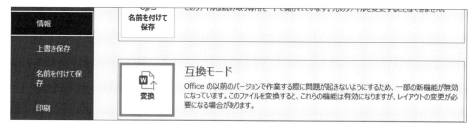

※互換モードの場合、ファイル名の右に「互換モード」と表示されます。この表示がなくなっていれば、解除できています。

02

第 **2** 章

ー

文字、段落、セクションの挿入と書式設定

文字列を挿入する

この中で学習する置換は、実務でも重宝する便利機能です。使いこなせるよう、繰り返し練習しましょう。

ここでは、Wordファイル「2」とtextファイル「2」を使用します。

Wordファイル「2」

・ゴミ捨てのルールについて

目的

本書は、住民の皆様が適切なゴミの分別と排出を行うためのガイドラインを提供することを目的としています。環境保護と資源の有効利用を促進するため、ご協力をお願い致します。

ゴミ出しの時間を過ぎた場合は、ゴミ捨てできません

ゴミの分類

可燃ゴミ

- 生ゴミ
- 紙くず(*汚れたもの*)
- 木くず、布くず

不燃ゴミ

- ガラス製品(割れた食器など)
- 陶磁器
- 小型金属製品

資源ゴミ

- 新聞紙、雑誌、段ボール
- プラスチック製容器包装
- 缶、びん、ペットボトル

収集日と方法

可燃ゴミの収集日

1 記号や特殊文字を挿入する

問題26 見出し「可燃ゴミの収集日」内の「朝7時」の後ろに、時計の記号を挿入してください。フォント「Segoe UI Symbol」の文字コード「1F556」（Clock Face Seven Oclock）を指定します。

問題26　解説

① 「可燃ゴミの収集日」見出し内の「朝7時」の後ろで右クリックします。

※右クリックした箇所に、記号が挿入されます。
※後ろに移動した後、右クリックのショートカットキーShift+F10を押すと、位置がズレることなく右クリックメニューを起動できます。

② **メニューから〈記号と特殊文字〉を選択します。**

メニューの検索
7時までに
7次までに
7字までに
7児までに
7 時までに
📋 その他(O)...
✂ 切り取り(T)
📋 コピー(C)
📋 貼り付けのオプション:
📋
A フォント(F)...
≡ 段落(P)...
↓↑ 縦書きと横書き(X)...
記号と特殊文字(S)
🔍 検索「までに」(H)
類義語(Y) ▶
A🔊 音声読み上げ(R)
🈂 翻訳(S)
🔗 リンク(I) ▶
💬 新しいコメント(M)

前書
第1章
第2章
第3章
第4章
第5章
第6章
補章

文字、段落、セクションの挿入と書式設定

〔別解〕〈挿入〉タブの右端〈記号と特殊文字〉から〈その他の記号〉を選択

③〈フォント〉から「Segoe UI Symbol」を選択します。

※「Segoe UI Symbol」を問題文からコピーアンドペーストするか、「Segoe UI S」など途中まで手入力してから候補を表示すると、選択しやすくなります。

※コピーアンドペーストの場合は、貼り付けた後、別の場所をクリックするとアイコンの表示が切り替わります。Enterキーでは記号が挿入されてしまうため、注意しましょう。

④〈文字コード〉に「1F556」を入力します。

※問題文からコピーアンドペーストすると確実です。

※「1F556」を入力し値を確定した時点で、7時の時計の記号が選択されます。

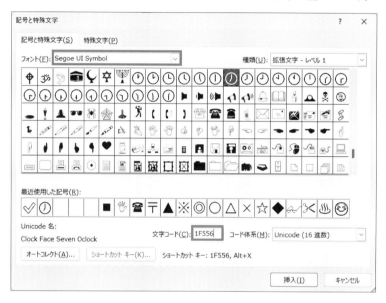

⑤Unicode名が、問題文の指示「Clock Face Seven Oclock」と一致していることを確認します。

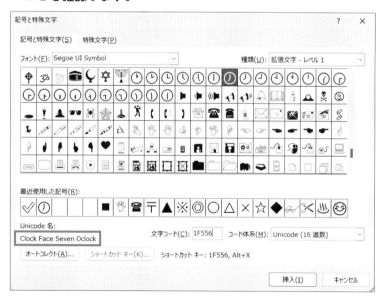

⑥Enterキーを入力します。記号が挿入されます。

⑦Escキーを入力し、〈記号と特殊文字〉ウィンドウを閉じます。

> memo
>
> **〈記号と特殊文字〉ウィンドウを開いたままで複数箇所に挿入**
>
> 挿入する箇所が複数ある場合、1つ目に挿入後、〈記号と特殊文字〉ウィンドウは開いたままにしましょう。別の挿入箇所に移動し、〈挿入〉ボタンを押すことで連続して挿入できます。

問題27　文書内の文字列「割れた食器」の後ろに、4分の1スペースを挿入してください。

問題27　解説

①文書内の文字列「割れた食器」の後ろで右クリックします。

※Ctrl+Fで検索すると楽に見つけられます。
※カーソルがある場所に、記号が挿入されます。
※後ろに移動した後、右クリックのショートカットキーShift+F10を押すと、位置がズレることなく右クリックメニューを起動できます。

②メニューから〈記号と特殊文字〉を選択します。

③〈特殊文字〉タブをクリックします。

※問題文に「フォント」や「文字コード」の指定がない場合は、〈特殊文字〉タブ内を確認しましょう。

④〈1/4 スペース〉を選択し、Enterキーを入力します。

⑤Escキーを入力し、〈記号と特殊文字〉ウィンドウを閉じます。

※編集記号の表示（Ctrl+Shift+8）をして、「割れた食器」の後ろにパイプライン（|）の記号が入っていれば、〈1/4 スペース〉が挿入できています。確認したら、編集記号を非表示に戻しておきましょう。

> **memo**
> ### フォント、文字コードの指定がなければ「特殊文字」
> 　特殊文字を挿入する問題は「コピーライト」や「1/4 スペース」など、特殊文字の名称そのもので指定されることがほとんどです。
> 　「（記号や文字の名称）を挿入してください」の指示があり、フォントや文字コードの指定がない場合、慌てずに特殊文字を探してみると良いでしょう。
> （参考：出題されやすい特殊文字）
> 　コピーライト　登録商標　1/4 スペース

2　文字列を検索する、置換する

問題28　文書内の文字列「致します」をすべて「いたします」に置換してください。

問題28　解説

①Ctrl+Hを入力し、〈検索と置換〉ウィンドウを起動します。

②〈検索する文字列〉に「致します」を入力します。

③〈置換後の文字列〉「いたします」を入力します。

④〈すべて置換〉をクリックします。

⑤Escキーを2回入力し、メッセージと〈検索と置換〉ウィンドウを閉じます。

> **memo**
> ### ちかんはH、Ctrl+H
> 　Ctrl+Hで〈検索と置換〉ウィンドウの〈置換〉タブが起動します。語呂合わせは「ちかんはH」です。

問題29　文書内の半角スペースをすべて削除してください。

問題29　解説

① Ctrl+Hを入力し、〈検索と置換〉ウィンドウを起動します。

② 〈検索する文字列〉に、半角スペースを入力します。

※半角スペースは、入力モードが半角入力（Aを入力した際に「a」が表示される状態）であればスペース、日本語入力（Aを入力した際に「あ」が表示される状態）であればShift+スペースで入力します。

※Wordの文書に〈記号と特殊文字〉ウィンドウから半角スペースを一時的に入力し、切り取って〈検索する文字列〉に貼り付ける方法もあります。

※〈置換後の文字列〉には何も入力しません。何も入力されていない状態と置換することで、文字列の削除ができます。

③ 〈オプション〉をクリックし、〈検索オプション〉を表示します。

④ 〈あいまい検索〉のチェックを外し、〈半角と全角を区別する〉にチェックを入れます。

※〈半角と全角の区別をする〉にチェックをしないと、全角スペースも消えてしまいます。

⑤ 〈すべて置換〉をクリックします。

⑥ Escキーを２回入力し、メッセージと〈検索と置換〉ウィンドウを閉じます。

> **memo**
>
> ### 半角と全角・大文字と小文字に注意
>
> 　置換時、半角・全角、大文字・小文字は、初期設定では区別されません。
>
> 　半角または全角の指示があった場合は〈半角と全角を区別する〉に、大文字または小文字の指示があった場合は〈大文字と小文字を区別する〉に、チェックを付けることを忘れないようにしましょう。

+α

書式も置換可能

〈検索と置換〉ウィンドウにて〈オプション〉クリック後に表示される〈書式〉ボタンから、〈検索する文字列〉と〈置換後の文字列〉それぞれの書式を指定できます。

以下の画像は、太字が設定されている文字列のフォントの色を「赤」に置換する場合の設定例です。

文字列や段落の書式を設定する

行間や段落の間隔で、苦手意識を感じる人が多くいますが、単に右クリックして該当箇所を変更するだけです。難しく考えず、操作方法を押さえましょう。

引き続き、Wordファイル「2」とtextファイル「2」を使用します。

Wordファイル「2」

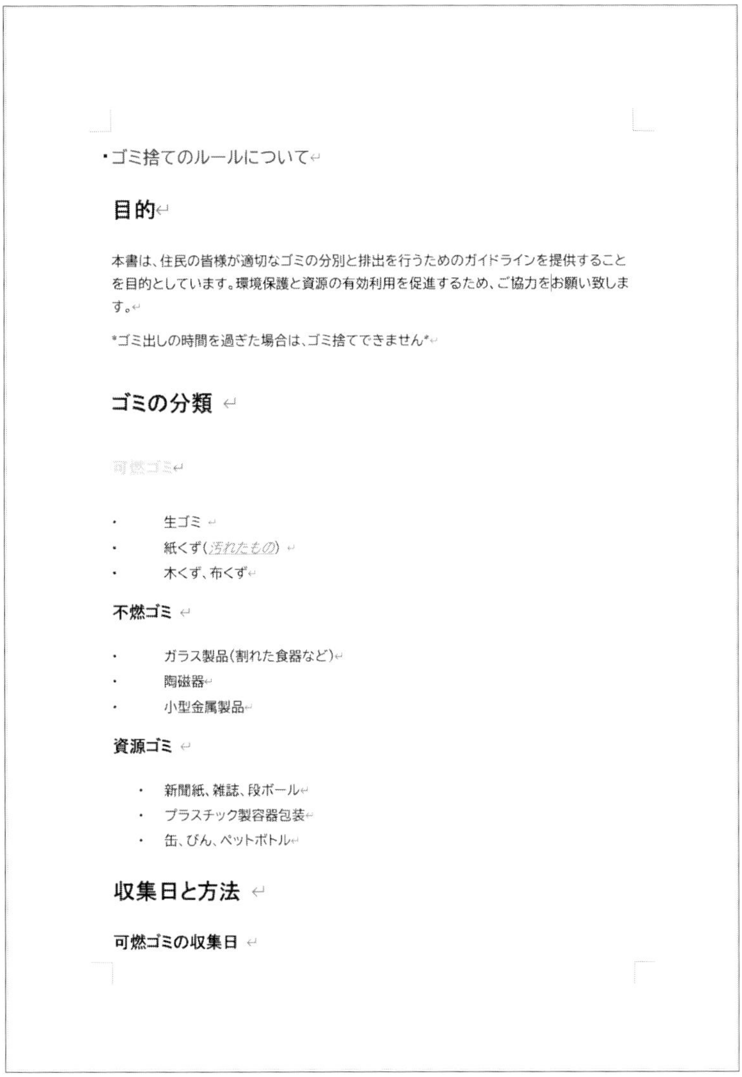

・ゴミ捨てのルールについて

目的

本書は、住民の皆様が適切なゴミの分別と排出を行うためのガイドラインを提供することを目的としています。環境保護と資源の有効利用を促進するため、ご協力をお願い致します。

"ゴミ出しの時間を過ぎた場合は、ゴミ捨てできません"

ゴミの分類

可燃ゴミ

- 生ゴミ
- 紙くず(*汚れたもの*)
- 木くず、布くず

不燃ゴミ

- ガラス製品(割れた食器など)
- 陶磁器
- 小型金属製品

資源ゴミ

- 新聞紙、雑誌、段ボール
- プラスチック製容器包装
- 缶、びん、ペットボトル

収集日と方法

可燃ゴミの収集日

1 文字の効果を適用する

問題30　見出し「ゴミの分類」の上の段落に文字の効果「塗りつぶし：黒、文字色1
　　　　；影」を設定してください。

問題30　解説

①見出し「ゴミの分類」の上の段落を選択します。

※「上の段落」を見落とさないようにしましょう。

②〈ホーム〉タブの〈フォント〉グループから🅰をクリックします。

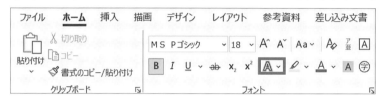

③候補から〈塗りつぶし：黒、文字色1；影〉をクリックします。

※マウスポインタを当ててしばらく待つと、名称が表示されます。

> **memo**
> ### 文字列への設定は〈ホーム〉タブ
> 　ページ全体ではなく、一部の文字列にのみ装飾や段落などの設定を行う場合は
> 〈ホーム〉タブです。

「文字の効果」ときたら「A」の画像のどれか

　文字の効果「○○」と指示された場合は、「A」の画像のどれかです。「A」の画像は、塗りつぶしや影などの「いくつかの効果がセットになったもの」です。

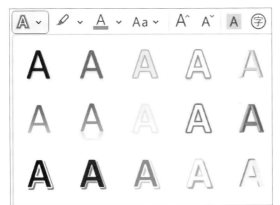

　「文字の輪郭を○○に」「影の効果○○を設定」など、個別の指定があった場合は、「A」の画像の下にある選択肢〈文字の輪郭〉や〈影〉などの個別の効果から設定しましょう。

問題31　タイトル「ゴミ捨てのルールについて」の文字の輪郭を「濃い青」にし、影の効果「オフセット：右上」を設定してください。

問題31　解説

① タイトル「ゴミ捨てのルールについて」を選択します。

② 〈ホーム〉タブの〈フォント〉グループから A をクリックします。

③ 〈文字の輪郭〉から〈濃い青〉を選択します。

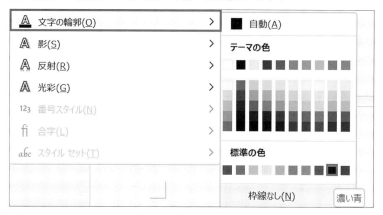

※マウスポインタを当ててしばらく待つと、色の名称が表示されます。
※「青」「濃い青」など、単純な名称の色は、〈標準の色〉内にあります。

④ 続けて〈ホーム〉タブの〈フォント〉グループから A をクリックし、〈影〉から〈オフセット：右上〉を選択します。

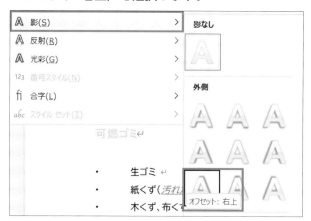

```
 ┌─────────────────────────────────────┐
 │  memo    効果は見た目で予測可能            │
 │   影・反射・光彩は、候補の見た目である程度予測ができます。 │
 │   問題文の指示からある程度当たりをつけるようにすると、目当ての効果をより速 │
 │  く見つけられるでしょう。                 │
 └─────────────────────────────────────┘
```

2 行間、段落の間隔、インデントを設定する

問題32 「本書は」から始まる段落の行間を固定値「18pt」に設定してください。

問題32 解説

① 「本書は」から始まる段落内で、右クリックします。

※右クリックは、対象の段落上で行います。段落内であればどこでもかまいません。

② 右クリックメニューから〈段落〉を選択します。〈段落〉ウィンドウが起動します。

※〈段落〉ウィンドウは、〈ホーム〉タブの〈段落〉内の ⊿ をクリックしても起動できます。

③ 〈行間〉から〈固定値〉を選択し、〈間隔〉に「18」と入力し、Enterキーを入力します。

※「18」の数字は問題文からコピーアンドペーストすると、入力ミスを防げます。
※単位「pt」は省略可能です。

段落	? ✕

インデントと行間隔　改ページと改行　体裁

全般

配置(G):　左揃え
アウトライン レベル(O):　本文　　□ 既定で折りたたみ(E)

インデント

左(L):　0 字　　最初の行(S):　　幅(Y):
右(R):　0 字　　(なし)

□ 見開きページのインデント幅を設定する(M)
☑ 1 行の文字数を指定時に右のインデント幅を自動調整する(D)

間隔

段落前(B):　0 行　　行間(N):　　間隔(A):
段落後(F):　0 行　　固定値　　18 pt

□ 同じスタイルの場合は段落間にスペースを追加しない(C)
☑ 1 ページの行数を指定時に文字を行グリッド線に合わせる(W)

プレビュー

本書は、住民の皆様が適切なゴミの分別と排出を行うためのガイドラインを提供することを目的としています。環境保護と資源の有効利用を促進するため、ご協力をお願い致します。

タブ設定(T)...　既定に設定(D)　OK　キャンセル

前章
第1章
第2章
第3章
第4章
第5章
第6章
補章

文字、段落、セクションの挿入と書式設定

行間は「固定値」「最小値」などの種類にも注目

　行間は数値だけでなく「最小値」「固定値」「倍数」など、指定の仕方に種類があります。

　問題文の指示を見落とさないようにしましょう。

行間(N):	間隔(A):
1 行	
1 行	
1.5 行	
2 行	
最小値	
固定値	
倍数	

問題33　見出し「注意事項」の下３段落の行間を「1.8行」に設定してください。

問題33　解説

①見出し「注意事項」の下３段落を選択します。

※対象が複数の段落にまたがる場合は、選択することで一括で設定を変更できます。

※段落の数は↵の数で数えられます。選択範囲内に↵が３つ入っていれば、段落３つ分を選択できています。４つ目が入らないよう注意しましょう。

②右クリックメニューから〈段落〉を選択します。〈段落〉ウィンドウが起動します。

※選択した段落上で右クリックしましょう。他の場所で右クリックすると、選択が解除されてしまいます。

③〈行間〉から〈倍数〉を選択し、〈間隔〉に「1.8」を入力し、Enterキーを入力します。

※「行」は省略可能です。

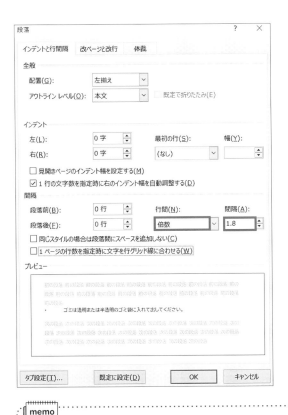

> **memo** **存在しない行数は〈倍数〉で指定**
>
> 「1.15」「1.8」など、選択肢に存在しない行数は〈倍数〉で指定します。

問題34 見出し「資源ゴミの収集日」の下にある2つの段落の「段落後の間隔」を「1行」に設定してください。

問題34 解説

①見出し「資源ゴミの収集日」の下にある2つの段落を選択し、右クリックメニューから〈段落〉を選びます。

②〈間隔〉内の〈段落後〉を「1行」に指定し、Enterキーを入力します。

※「1行」は上下矢印をクリックするか、「1」と手入力しましょう。手入力する場合、「行」は省略可能です。

段落

インデントと行間隔 　改ページと改行 　体裁

全般

配置(G): 　　　　左揃え

アウトライン レベル(O): 　本文 　　　□ 既定で折りたたみ(E)

インデント

左(L): 　　1.9 字 　　　最初の行(S): 　　幅(Y):

右(R): 　　0 字 　　　(なし)

□ 見開きページのインデント幅を設定する(M)
☑ 1 行の文字数を指定時に右のインデント幅を自動調整する(D)

間隔

段落前(B): 　　0 行 　　　行間(N): 　　間隔(A):

段落後(F): 　　1 行 　　　固定値 　　　20 pt

□ 同じスタイルの場合は段落間にスペースを追加しない(C)
☑ 1 ページの行数を指定時に文字を行グリッド線に合わせる(W)

プレビュー

タブ設定(T)... 　　既定に設定(D) 　　OK 　　キャンセル

※前後を間違えないよう注意しましょう。

問題35 「資源ゴミ」の見出しの下にある３つの段落の左インデントを解除してください。

問題35 　解説

① 「資源ゴミ」の見出しの下の３つの段落を範囲選択し、右クリックメニューから〈段落〉を選びます。

② 〈インデント〉内の〈左〉に「0」を入力し、Enterキーを入力します。

※「インデントを解除」はインデントを「0」にするのと同意です。
※左右を間違えないよう注意しましょう。

前章

第1章

第2章 文字、段落、セクションの挿入と書式設定

第3章

第4章

第5章

第6章

補章

> **memo**
>
> ## 解除・削除は「0」を指定
>
> 「インデントを解除」「段落前の間隔を削除」など、解除・削除する指示があった場合、該当箇所の値を「0」に設定しましょう。

問題36 「本書は」から「ご協力をお願いいたします。」までの段落の字下げインデントを「1字」に設定してください。

　　　　※問題28（置換する）を未実施の場合、「ご協力をお願い致します。」までの段落となります。以降の解説も、読み替えてください。

問題36　解説

① 「本書は」から「ご協力をお願いいたします。」までを選択して右クリックし、メニューから〈段落〉を選択します。

② 〈インデント〉内の〈最初の行〉から〈字下げ〉を選択し、〈幅〉が「1字」になっていることを確認した上でEnterキーを入力します。

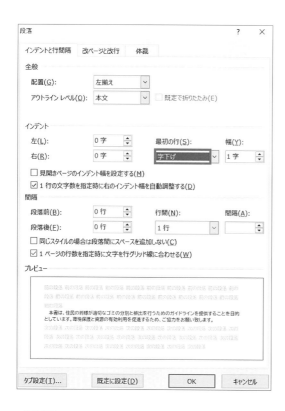

〈ぶら下げ〉インデントと〈字下げ〉インデントの設定箇所は同じ

〈ぶら下げ〉インデントも、〈字下げ〉インデントと同じ箇所から設定します。〈最初の行〉から〈ぶら下げ〉を選択します。

最初の行(S):	幅(Y):
ぶら下げ	1 字
(なし)	
字下げ	
ぶら下げ	

---

3 書式のコピー/貼り付けを使用して、書式を適用する

問題37　見出し「可燃ゴミ」の書式を、見出し「不燃ゴミ」と「資源ゴミ」にコピーしてください。

問題37　解説

①見出し「可燃ゴミ」を選択します。

②Ctrl+Shift+Cを入力し、書式をコピーします。

③見出し「不燃ゴミ」を選択し、Ctrl+Shift+Vを入力します。

④見出し「資源ゴミ」を選択し、Ctrl+Shift+Vを入力します。

memo　**書式コピーのショートカットキー**

　書式コピーのショートカットキーは、「し」ょしきのコピーだから→「し」ふとキー＋「Ctrl+C」で覚えましょう。Ctrl+Cは通常のコピーをするショートカットキーです。

　書式コピーは、〈ホーム〉タブ内〈クリップボード〉グループの🖌をクリックでも行えますが、場所が覚えにくい上、2回以上コピーする場合はダブルクリックしなければならない制限もあります。ショートカットキーのほうが使い勝手が良いです。

4　組み込みの文字スタイルや段落スタイルを適用する

問題38　注意事項の見出し内の「ゴミ出しの時間」から始まる段落に、スタイル「強調斜体2」を設定してください。

問題38　解説

①見出し「注意事項」内の「ゴミ出しの時間」から始まる段落を選択します。

※左の余白をダブルクリックで、段落が選択できます。

②〈ホーム〉タブの〈スタイル〉内右下の▽をクリックし、候補から〈強調斜体2〉を選択します。

※スタイルは文書の一部が対象のため、〈ホーム〉タブです。

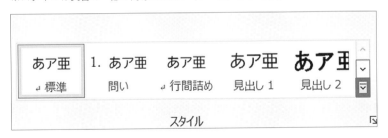

5 書式をクリアする

問題39 文書内の文字列「汚れたもの」の書式をクリアしてください。

問題39 解説

①文字列「汚れたもの」を選択します。

※Ctrl+Fで検索すると速いです。

② 〈ホーム〉タブの〈フォント〉内から🅰をクリックします。

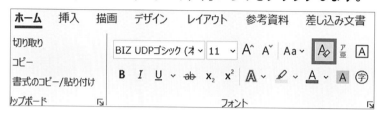

┌───┐
memo

書式のクリアも〈ホーム〉タブ

書式のクリアも、文書の一部に対する装飾です。蛍光ペンや太字などと同じ〈ホーム〉タブの〈フォント〉グループ内にあります。「書式のクリアだから、書式の設定と同じ場所にある」と考えると、場所を思い出しやすいでしょう。
└───┘

文書にセクションを作成する、設定する

〈レイアウト〉タブにあることさえわかれば、設定方法は単純です。〈レイアウト〉タブの用途を押さえましょう。

引き続き、Wordファイル「2」とtextファイル「2」を使用します。

Wordファイル「2」

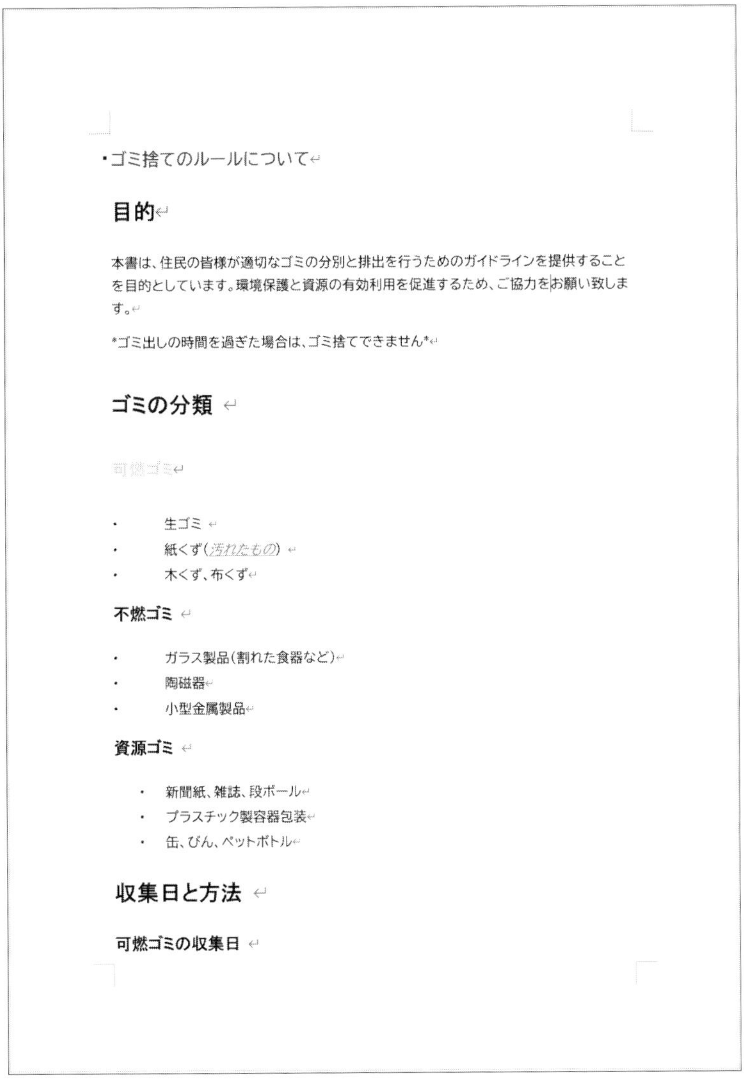

・ゴミ捨てのルールについて

目的

本書は、住民の皆様が適切なゴミの分別と排出を行うためのガイドラインを提供することを目的としています。環境保護と資源の有効利用を促進するため、ご協力をお願い致します。

ゴミ出しの時間を過ぎた場合は、ゴミ捨てできません

ゴミの分類

可燃ゴミ

- 生ゴミ
- 紙くず(*汚れたもの*)
- 木くず、布くず

不燃ゴミ

- ガラス製品(割れた食器など)
- 陶磁器
- 小型金属製品

資源ゴミ

- 新聞紙、雑誌、段ボール
- プラスチック製容器包装
- 缶、びん、ペットボトル

収集日と方法

可燃ゴミの収集日

1 ページ区切りを挿入する

問題40 見出し「ゴミの分類」の先頭に改ページを挿入してください。

問題40　解説

①見出し「ゴミの分類」の前にカーソルを移動します。

②〈レイアウト〉タブの〈ページ設定〉グループから〈区切り〉をクリックし、候補から〈改ページ〉を選択します。

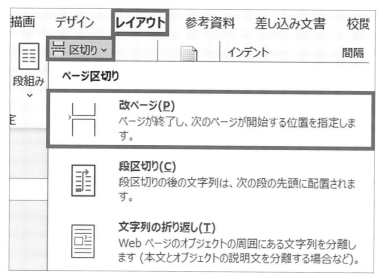

> **memo**
>
> **改ページ・セクション区切り・段組みは〈レイアウト〉タブ**
>
> 　改ページ・セクション区切り・段組みは、挿入することでページ全体のレイアウトに影響があります。
>
> 　ページ全体のレイアウトなので〈レイアウト〉タブです。
>
> 　改ページだけであれば〈挿入〉タブにもありますが、セクション区切りは〈レイアウト〉タブにしかありません。
>
> 　改ページ・セクション区切り・段組みは、まとめて〈レイアウト〉タブで覚えましょう。

> **memo**
>
> **Ctrl+Enterでも改ページ**
>
> 　改ページはショートカットキーCtrl+Enterでも挿入できます。
>
> 　実務でもよく使うので、覚えておくと良いでしょう。

2 文字列を複数の段に設定する

問題41　見出し「可燃ゴミ」から「資源ゴミ」の「…ペットボトル」までの段落を、境界線のある2段組に設定してください。

問題41　解説

①見出し「可燃ゴミ」から「資源ゴミ」の「…ペットボトル」までの段落を選択します。

※左の余白をドラッグすると、楽に選択できます。

②〈レイアウト〉タブの〈ページ設定〉グループから〈段組み〉をクリックします。

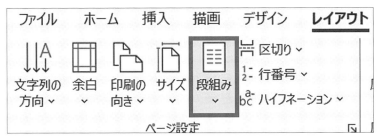

③選択肢から〈段組みの詳細設定〉をクリックします。

④〈種類〉に〈2段〉を選択し、〈境界線を引く〉にチェックを付けてEnterキーを入力します。

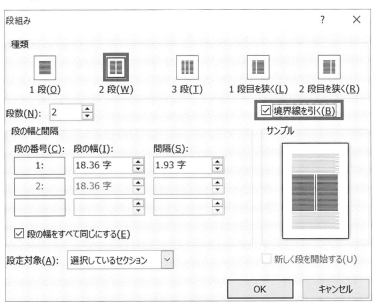

※段の幅や間隔に指示があった場合、このウィンドウ上で指定します。

3 セクション区切りを挿入する

問題42 見出し「収集日と方法」が3ページ目の先頭に表示されるようにセクション区切りを挿入してください。

問題42 解説

①見出し「収集日と方法」の先頭に移動します。

②〈レイアウト〉タブの〈ページ設定〉グループから〈区切り〉をクリックし、〈セクション区切り〉内の〈次のページから開始〉を選択します。

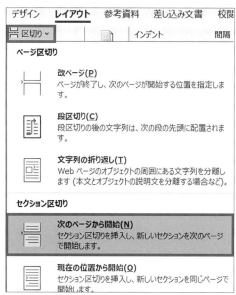

※ 〈次のページから開始〉は改ページありのセクション区切りです。

※ 「○ページ目の先頭に」や「次のページから始まるように」などの指示がなく、単に「セクション区切りを挿入」する指示があった場合は〈現在の位置から開始〉（改ページなしのセクション区切り）を選択します。

4 セクションごとにページ設定のオプションを変更する

問題43　3ページ目の印刷の向きを横に変更してください。

問題43　解説

① 3ページ目に移動します。

※3ページ目内であればどこでもかまいません。
※ジャンプ機能を使って移動すると速いです。

② 〈レイアウト〉タブの〈ページ設定〉グループから〈印刷の向き〉をクリックし、候補から〈横〉を選択します。

※問題42でセクション区切りを挿入していれば、3ページ目の印刷の向きだけが横に変更されます。

---

memo

レイアウトはセクションごとに設定可能

　余白や印刷の向きなど〈レイアウト〉タブ内でこれまで文書全体に対して行っていた設定は、セクションが分かれている場合、セクションごとに設定されます。

　現在いるセクションが設定対象です。

　なお、ページ設定ウィンドウの〈設定対象〉を〈文書全体〉にすると、セクションが分かれていても、文書全体に設定を行えます（出題される可能性は低いです）。

ページ設定	? ✕

| 文字数と行数 | 余白 | 用紙 | その他 |

余白

上(T):	35 mm	下(B):	30 mm
左(L):	30 mm	右(R):	30 mm
とじしろ(G):	0 mm	とじしろの位置(U):	左

印刷の向き

縦(P)　　横(S)

複数ページの印刷設定

印刷の形式(M):　標準

プレビュー

設定対象(Y):　文書全体

既定に設定(D)　　OK　　キャンセル

〈編集記号の表示〉で区切り位置を確認

〈編集記号の表示〉をオンにする（Ctrl+Shift+8）と、区切りの位置を確認できます。

・ → 生ゴミ↵		資源ゴミ↵
・ → 紙くず(汚れたもの)↵		
・ → 木くず、布くず↵		・ → 新聞紙、雑誌、段ボール↵
		・ → プラスチック製容器包装↵
不燃ゴミ↵		・ → 缶、びん、ペットボトル↵
・ → ガラス製品(割れた食器など)↵		

―――――――セクション区切り (次のページから新しいセクション)―――――――

03

第 3 章

—

表やリストの管理

表を作成する

表の作成自体は簡単ですが、オプションの選択漏れに注意しましょう。
ここでは、Wordファイル「3-1」とtextファイル「3」を使用します。

Wordファイル「3-1」

- フルマラソン完走ガイド

- トレーニングスケジュール
  週,月,火,水,木,金
  1,休息,5km 軽ジョグ,休息,5km 軽ジョグ,休息
  2,休息,7km 軽ジョグ,休息,5km テンポラン,休息
  3,休息,5km 軽ジョグ,休息,7km テンポラン,休息
  4,休息,5km 軽ジョグ,休息,5km 軽ジョグ,休息

- 参加予定の大会と同伴者

大会名	同伴者
埼玉マラソン	佐藤
	吉田
沖縄マラソン	

- 練習の記録

時間	活動内容	備考	強度(1-5)	コメント
5:00	起床	充分な睡眠を確保、ストレッチと軽いウォーミングアップ	3	例:調子が良かった
6:00	栄養豊富な朝食	炭水化物を中心とした食事、十分な水分補給		
7:00	会場へ移動	早めに到着し、トイレなどの最終チェック		
8:00	ウォームアップ	軽いジョギングやストレッチで体を温める		
9:00	マラソンスタート	スタートラインに整列、ペースを守る		
12:00	レース中盤	水分補給ポイントでのハイドレーション、エナジージェルでエネルギー補給		

1　文字列を表に変換する

問題44　見出し「トレーニングスケジュール」の下5つの段落を文字列の幅に合わせて表にしてください。（その他は規定の設定のままとします。）

問題44　解説

①見出し「トレーニングスケジュール」の下の5つの段落を選択します。

※「週, 月, ……」の左側のスペースをクリックし、クリックしたまま5行分下に移動（ドラッグ）すると楽に選択できます。

> ▪トレーニングスケジュール↵
> 週，月，火，水，木，金
> 1，休息，5km 軽ジョグ，休息，5km 軽ジョグ，休息
> 2，休息，7km 軽ジョグ，休息，5km テンポラン，休息
> 3，休息，5km 軽ジョグ，休息，7km テンポラン，休息
> 4，休息，5km 軽ジョグ，休息，5km 軽ジョグ，休息

②〈挿入〉タブの〈表〉をクリックし、選択肢から〈文字列を表にする〉を選択します。

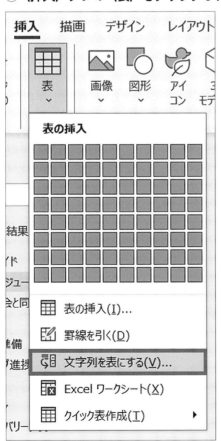

③〈自動調整のオプション〉を〈文字列の幅に合わせる〉に変更し、〈文字列の区切り〉に〈コンマ〉が選ばれていることを確認した上でEnterキーを入力します。

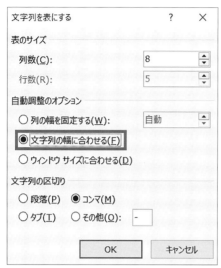

※「文字列の幅に合わせて」「ウィンドウサイズに合わせて」と指示があった場合、〈自動調整のオプション〉を変更します。特に指示がない場合は初期値から変更しません。

---

memo

表は〈挿入〉タブ

　表への変換は「表という枠組みのパーツを挿入」と読み替えましょう。パーツの挿入なので、〈挿入〉タブです。

---

memo

文字列の幅・ウィンドウサイズに合わせる

　問題文に「文字列の幅に合わせて」「ウィンドウサイズに合わせて」と指示があった場合は、〈文字列を表にする〉ウィンドウの〈自動調整のオプション〉から選択します。
　見落としやすいので、注意しましょう。

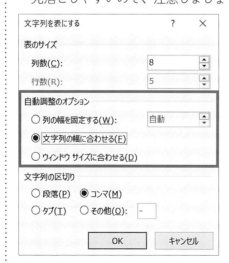

表に自動調整を適用する方法

既存の表に対しても、自動調整は可能です。

表全体を選択した状態で右クリック（表内に移動後、左上に表示される⊞上で右クリック）し、〈自動調整〉の選択肢から設定します。

	35km 地点↵	30km 地点↵
🅴🅍 表の削除(T)		
🅷 行の高さを揃える(N)		
🅷 列の幅を揃える(Y)	必要に応じ	40km 地点↵
罫線のスタイル(B) ▸	て↵	
自動調整(A) ▸	🆄 文字列の幅に合わせる(F)	
↕ 縦書きと横書き(X)…	🆄 ウィンドウ サイズに合わせる(W)	
🖼 図表番号の挿入(C)…	🆄 列の幅を固定する(X)	

2 表を文字列に変換する

問題45　見出し「マラソン後のリカバリープラン」内の表を、文字列に変換してください。文字列はコンマで区切ります。

問題45　解説

① 「マラソン後のリカバリープラン」内の表の一部をクリックし、表内に移動します。

※表の中であればどこでもかまいません。

②一番右の〈レイアウト〉タブの右端〈データ〉グループから〈表の解除〉を選択します。

※表の選択中にのみ現れる〈レイアウト〉タブです。印刷の向きや余白を設定する〈レイアウト〉と同名ですが、別物です。

③〈文字列の区切り〉を〈コンマ〉に変更し、Enterキーを入力します。

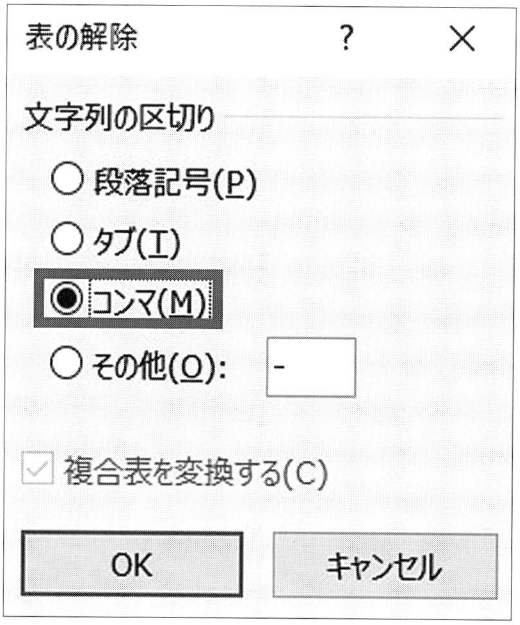

表の解除

文字列の区切り

○ 段落記号(P)
○ タブ(T)
◉ コンマ(M)
○ その他(O): -

☑ 複合表を変換する(C)

OK   キャンセル

---

memo **文字列の区切りに注意**

　表を文字列に変換する場合、必ず文字列の区切りの指定が必要となります。

　問題文の指示に従って〈段落記号〉〈タブ〉〈コンマ〉〈その他〉を正しく選択しましょう。

---

3 行や列を指定して表を作成する

問題46　文書の最後に5行3列の表を作成し、1行目に左から「日程」「大会名」「距離」と入力してください。

問題46　解説

①文章の最後にカーソルを移動します。

※キーボードの→か↓を押して移動しなければ、文末です。
※Ctrl+Endで文末に楽に移動できます。

②〈挿入〉タブの〈表〉をクリックし、〈表の挿入〉を選択します。

③〈列数〉に「3」、〈行数〉に「5」を入力し、Enterキーを入力します。

※問題文の指示は「5行3列」ですが入力項目は列→行の順です。行数と列数が逆にならないよう注意しましょう。

※手順②にて、マウスポインタのドラッグでも行列の指定ができますが、〈表の挿入〉ウィンドウ上で数字を指定したほうが確実です。

※特に指示がなければ、その他の項目は初期値のまま変更しません。

④1行目に、左から「日程」「大会名」「距離」と入力します。

※問題文からコピーアンドペーストすると、ミスを防げます。

※「1行目に左から」なのか「1列目に上から」なのかに注意しましょう。

> **memo** **行はヨコ、列はタテ**
>
> 行は横方向、列は縦方向です。
>
> 行列の方向について思い出すためのヒントをお伝えします。
>
> ・「1列に並びましょう」と言われたらどう並ぶか？　→縦に並ぶはずです。
>
> ・漢字の雰囲気　→「列」のほうが「行」よりも縦方向の線が多いです。

> **memo** **「1列目に上から」に注意**
>
> 「1列目に上から」と指示された場合は縦方向に入力します。1行目をタイトル行として使うことが多いため、指示を見落としやすいです。「1行目に左から」なのか「1列目に上から」なのかに注意しましょう。

前章
第1章
第2章

第**3**章

表やリストの管理

第4章
第5章
第6章
補章

表を変更する

セルの余白と間隔の設定が、やや複雑に感じられるかもしれません。まずは右クリックして、表のプロパティを開く習慣をつけましょう。
引き続き、Wordファイル「3-1」とtextファイル「3」を使用します。

Wordファイル「3-1」

・フルマラソン完走ガイド

・トレーニングスケジュール
週,月,火,水,木,金
1,休息,5km 軽ジョグ,休息,5km 軽ジョグ,休息
2,休息,7km 軽ジョグ,休息,5km テンポラン,休息
3,休息,5km 軽ジョグ,休息,7km テンポラン,休息
4,休息,5km 軽ジョグ,休息,5km 軽ジョグ,休息

・参加予定の大会と同伴者

大会名	同伴者
埼玉マラソン	佐藤
	吉田
沖縄マラソン	

・練習の記録

時間	活動内容	備考	強度(1-5)	コメント
5:00	起床	充分な睡眠を確保、ストレッチと軽いウォーミングアップ	3	例:調子が良かった
6:00	栄養豊富な朝食	炭水化物を中心とした食事、十分な水分補給		
7:00	会場へ移動	早めに到着し、トイレなどの最終チェック		
8:00	ウォームアップ	軽いジョギングやストレッチで体を温める		
9:00	マラソンスタート	スタートラインに整列、ペースを守る		
12:00	レース中盤	水分補給ポイントでのハイドレーション、エナジージェルでエネルギー補給		

1 表のデータを並べ替える

問題47 見出し「マラソン前日の準備」の下にある表を、重要度の高い順に並び替えてください。

問題47 解説

① 「マラソン前日の準備」の下にある表に移動します。

※表内であればどこでもかまいません。

② 〈レイアウト〉タブの〈データ〉グループから〈並べ替え〉ボタンをクリックします。

※表の選択中にのみ現れる〈レイアウト〉タブです。

③ 〈最優先されるキー〉に「重要度（1-5）」を選択し、〈昇順〉から〈降順〉に変更してEnterキーを入力します。

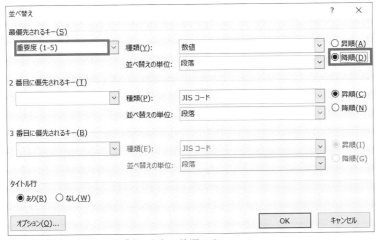

※「高い順」「大きい順」「多い順」は降順です。

並び替えは、種類と昇順・降順に注意

　種類には4種類（JISコード、数値、日付、五十音順）あり、さらにそれぞれで昇順・降順を指定します。

　問題文をよく読み、適切な種類、昇順・降順を選択しましょう。

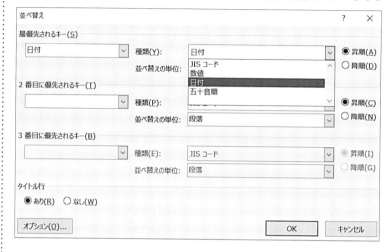

昇順は小さい順、降順は大きい順

　小さい順・少ない順・低い順は、後ろに行くにつれて数字が大きくなる（上に昇っていく）ので「昇」順です。

　大きい順・多い順・高い順は、後ろに行くにつれて数字が小さくなる（下に降りていく）ので「降」順です。

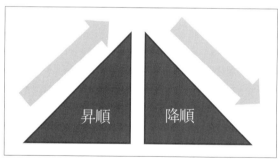

前章

第1章

第2章

第3章

表やリストの管理

第4章

第5章

第6章

補章

memo **並び替えの基準が2つある場合**

「月」「日」など、並び替えの基準が2つある場合は、〈2番目に優先されるキー〉に2つ目の基準となる列を指定します。

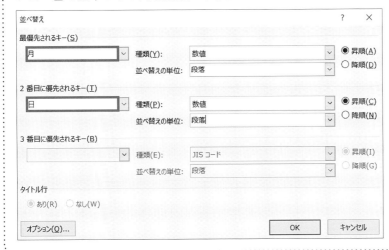

2 セルの余白と間隔を設定する

問題48 見出し「練習の記録」の下の表のセルの余白を上下「0.6mm」、間隔を「0.2mm」に設定してください。

問題48 解説

①**見出し「練習の記録」の下にある表の一部を右クリックします。**

※クリックするのは、表内のどこでもかまいません。

②**右クリックメニューから〈表のプロパティ〉を選択します。〈表のプロパティ〉ウィンドウが起動します。**

※表の選択中にのみ現れる〈レイアウト〉タブの〈表〉グループ〈プロパティ〉からも同じ操作が行えます。

③ 〈表〉タブの〈オプション〉を選択します。〈表のオプション〉ウィンドウが起動します。

※〈表のオプション〉は表全体に適用されます。

④ 〈規定のセルの余白〉の〈上〉と〈下〉それぞれに「0.6」と入力します。

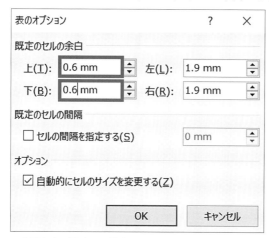

※上下左右の間違いに注意しましょう。
※mmは省略できます。
※問題文からコピーアンドペーストすると確実です。

⑤〈規定のセルの間隔〉で〈セルの間隔を指定する〉にチェックを付け、「0.2」を
　入力します。

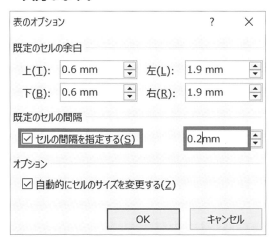

※mmは省略できます。
※指示のない箇所は、変更しません。

⑥Enterキーを2回入力します。

※1回目のEnterキーで〈表のオプション〉ウィンドウの〈OK〉ボタンが、2回目で〈表のプロパティ〉の
　〈OK〉ボタンが入力されます。

**問題49　見出し「週別トレーニング進捗チェックリスト」の下にある表の、タイト
　　　　　ル行を除くセルの上下の余白を「0.5mm」に設定してください。**

問題49　解説

①見出し「週別トレーニング進捗チェックリスト」の下にある表の、タイトル行以外
　の行を選択します。

※表全体ではなく、表の一部の設定を変更する場合は、変更する範囲を選択する必要があります。表全体を
　選んでしまうと、タイトル行にも設定が反映されてしまいます。
※文章同様、左側の余白を使うと、楽に選択できます。

②右クリックメニューから〈表のプロパティ〉を選択します。
③〈セル〉タブの〈オプション〉を選択します。

※選択した範囲のセルの余白を変更したい場合、〈表〉タブではなく〈セル〉タブから行います。

④ 〈表全体を同じ設定にする〉からチェックを外します。

⑤ 〈上〉〈下〉それぞれに「0.5」を入力します。

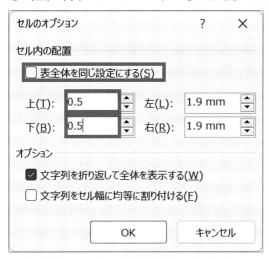

※ 〈セル内の配置〉は、〈セルの余白〉と同意です。
※mmは省略できます。
※指示のない箇所は変更しません。

⑥Enterキーを2回入力します。

> **memo**
>
> **セルの余白は全体なら〈表のオプション〉、一部なら〈セルのオプション〉**
>
> セルの余白は〈表のプロパティ〉から設定しますが、対象が表全体なのか一部なのかで使うタブが異なります。
>
> 表全体の設定は〈表〉タブ、表の一部（タイトル行を除く場合など）の設定は〈セル〉タブです。

> **memo**
>
> **セルの間隔は〈表のオプション〉**
>
> セルの間隔は、表全体に適用されるため〈表〉タブの〈表のオプション〉から設定します。

3 セルを結合する、分割する

問題50　見出し「参加予定の大会と同伴者」内の表の「埼玉マラソン」とその下のセルを結合してください。

問題50　解説

①見出し「参加予定の大会と同伴者」内の表の「埼玉マラソン」のセルと、その下のセルを範囲選択します。

※ドラッグ（クリックしながら移動）でセルの複数選択ができます。

参加予定の大会と同伴者↵	
大会名	**同伴者**
埼玉マラソン↵	佐藤↵
↵	吉田↵
沖縄マラソン↵	↵
	↵

②右クリックメニューから〈セルの結合〉を選択します。

メニューの検索
✐ エディターで選択内容を確認する(E)
✂ 切り取り(T)
📋 コピー(C)
📋 **貼り付けのオプション:**
📋
挿入(I)　　　　　　　　　▶
行の削除(D)
⊞ **セルの結合(M)**
⊟‡ 行の高さを揃える(N)

問題51 見出し「参加予定の大会と同伴者」内の表の「沖縄マラソン」のセルを2
行に分割し、下側のセルに「横浜マラソン」と入力してください。

問題51 解説

③見出し「参加予定の大会と同伴者」内の表の「沖縄マラソン」のセルに移動します。

④右クリックメニューから〈セルの分割〉を選択します。

⑤〈列数〉に「1」、〈行数〉に「2」を入力し、Enterキーを入力します。

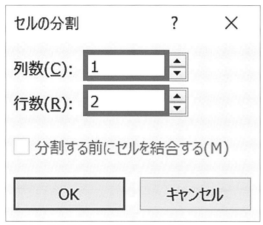

※「1」は分割しないことを意味します。

⑥分割後の下側のセルに、「横浜マラソン」と入力します。

4 表、行、列のサイズを調整する

問題52 見出し「栄養摂取ログ」内の表の1列目の列幅を「25mm」、2列目の列幅
を「60%」に設定してください。

問題52 解説

①見出し「栄養摂取ログ」内の表の1列目に移動します。

※1列目であれば、どこでもかまいません。

②右クリックメニューから〈表のプロパティ〉を選択します。

③〈列〉タブに移動し、〈幅を指定する〉にチェックを付けます。

④〈基準〉に〈ミリメートル（mm）〉を選択し、〈幅を指定する〉に「25」と入力
します。

⑤〈次の列〉をクリックします。

※そのまま別の列の設定ができます。

⑥〈列〉タブの〈幅を指定する〉をチェックし、〈基準〉を〈パーセント（%）〉に変
更します。

⑦〈幅を指定する〉に「60」と入力し、〈OK〉をクリックします。

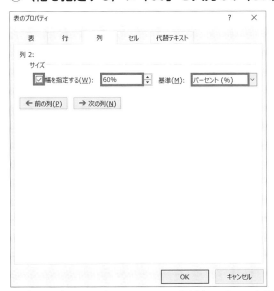

※〈サイズ〉の上に表示されている〈列○〉の○に、何列目の設定なのか表示されています（表示されてい
ない場合、一度〈前の列〉と〈次の列〉を押して移動し直してみてください）。

| 表 | 行 | 列 | セル | 代替テキスト |

列 2:

サイズ

☑ 幅を指定する(W): 60% ⬍ 基準(M): パーセント (%) ⬍

← 前の列(P)　→ 次の列(N)

> **memo**
>
> ### 列幅は〈列〉タブ
>
> 列幅は、〈表のプロパティ〉ウィンドウの〈列〉タブ内で設定します。

問題53　見出し「レース戦略プラン」内にある表の全体の行の高さを「10mm」に設定してください。

問題53　解説

①見出し「レース戦略プラン」内にある表全体を選択し、右クリックします。

※表全体の高さを設定するには、表全体を選択します。選択しない場合、現在カーソルがある行のみに設定が反映されます。

※表内に移動後、左上に表示される⊞上で右クリックすると、楽に表全体を選択できます。

②右クリックメニューから〈表のプロパティ〉を選択します。

③〈行〉タブの〈高さを指定する〉に「10」を入力し、Enterキーを入力します。

表のプロパティ　　　　　　　　　　　　　　？　　×

| 表 | 行 | 列 | セル | 代替テキスト |

行 1 ～ 9:

サイズ

☑ 高さを指定する(S): 10mm ⬍ 高さ(I): 最小値 ⬍

オプション(O)

☑ 行の途中で改ページする(K)

☐ 各ページにタイトル行を表示する(H)

▲ 前の行(P)　▼ 次の行(N)

OK　　キャンセル

※mmは省略できます。

※指定のない箇所は変更しません。

> **memo**
>
> ### 行の高さは〈行〉タブ
>
> 行の高さは、〈表のプロパティ〉ウィンドウの〈行〉タブ内で設定します。

問題54　見出し「マラソン前日の準備」内の表の行の高さを揃えてください。

問題54　解説

①見出し「マラソン前日の準備」内の表全体を選択し、右クリックします。

※選択中の行にのみ、設定が反映されます。問題54は表全体の行の高さを揃えるため、表全体を選択します。

②右クリックメニューから〈行の高さを揃える〉を選択します。

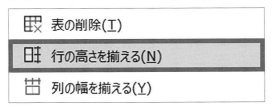

┌─────────────────────────────────────┐
│ 📝 memo 　**揃える場合は右クリックメニュー**
│
│ 　〈行の高さを揃える〉〈列の幅を揃える〉は、右クリックメニューから直接選択し
│ ます。
│ 　〈表のプロパティ〉ウィンドウ上ではないので、注意しましょう。
└─────────────────────────────────────┘

5　表を分割する

問題55　見出し「レース戦略プラン」内の表について、（ハーフマラソンの場合）以降の3行を別の表に分割してください。

問題55　解説

①見出し「レース戦略プラン」内の表の（ハーフマラソンの場合）の行に移動します。

※行内であればどこでもかまいません。
※現在いる行が分割後の表の1行目になります。

②〈レイアウト〉タブの〈結合〉グループから〈表の分割〉ボタンをクリックします。

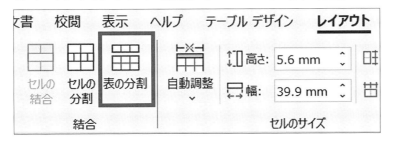

前書
第1章
第2章
第3章
表やリストの管理
第4章
第5章
第6章
補章

6　タイトル行の繰り返しを設定する

問題56　見出し「練習の記録」内の表のタイトル行が次のページにも表示されるように設定してください。

問題56　解説

①見出し「練習の記録」内の表のタイトル行上で右クリックします。

※タイトル行であれば、どの列でもかまいません。

②**右クリックメニューから〈表のプロパティ〉を選択します。**

③〈行〉タブの〈各ページにタイトル行を表示する〉にチェックを入れ、**Enter**キーを入力します。

※タイトル行（行1）以外で右クリックした場合、〈各ページにタイトル行を表示する〉がグレーアウトして選択できません。〈前の行〉を押して行1まで移動するか、一度ウィンドウを閉じて、タイトル行上で右クリックし直してください。

（別解）〈レイアウト〉タブの〈データ〉グループから、〈タイトル行の繰り返し〉をクリック

※「先頭行を繰り返す」と指示された場合も、同様の手順で設定します。
※「タイトル行が次のページに表示されないように」と指示された場合、同様の手順で〈各ページにタイトル行を表示する〉のチェックを外します。

memo

タイトル行は〈行〉タブ

タイトル行は、「行」なので、〈表のプロパティ〉ウィンドウの〈行〉タブ内です。

前章
第1章
第2章
第3章
表やリストの管理
第4章
第5章
第6章
補章

リストを作成する、変更する

番号の振り直しは、実務でも戸惑いやすい操作です。1から振り直す場合、続けて振りたい場合、それぞれの操作方法をしっかり抑えましょう。

ここでは、Wordファイル「3-2」とtextファイル「3」を使用します。

Wordファイル「3-2」

自由研究ガイド

自由研究のアイデアリスト

- 自然科学
  地域の植物や昆虫の調査
  水質調査(近くの川や池)
  家庭でできる化学実験
  天体観測と星座の研究
- 社会科学
  (ア) 地元の歴史調査
  (イ) 伝統文化や祭りの研究
  (ウ) 環境問題に関するアンケート調査
  (エ) メディアが子どもに与える影響の研究
- 技術・工作
  (オ) 簡単な電子回路の製作
  (カ) 再生可能エネルギーのモデル製作
  (キ) 自分だけのオリジナルゲーム作り
  (ク) スマートフォンアプリの開発

研究計画の立て方

1. 研究テーマの選定
2. 興味のある分野をリストアップ
3. 実現可能性を考慮して最終的なテーマを決定
4. 調査・実験方法の計画
   1. 必要な材料や道具をリストアップ
   2. 実験プロトコルや調査方法の詳細を計画
5. データ収集
   1. 実験や調査で得られるデータの種類を決定
   2. データの記録方法を決定(表、写真、メモなど)
6. 研究スケジュールの作成
   1. 研究活動のタイムラインを作成
   2. 期限や重要なマイルストーンをカレンダーに記入

1 段落を書式設定して段落番号付きのリストや箇条書きリストにする

問題57 見出し「自然科学」の下の「地域の…」「水質…」「家庭で…」「天体…」の
段落に「(ア)(イ)(ウ)」の段落番号を設定してください。

問題57 解説

①見出し「自然科学」の下の「地域の…」「水質…」「家庭で…」「天体…」の段落を
選択します。

※左側の余白を利用すると、楽に選択できます。

②〈ホーム〉タブの〈段落〉グループから、ボタン右側の〈∨〉をクリックし、
「(ア)(イ)(ウ)」の段落番号を選択します。

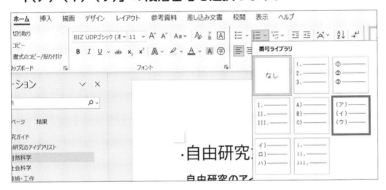

```
┌─memo─────────────────────────────────────────────────┐
  リストは〈ホーム〉タブ
   リストは、文書の一部に対する設定です。
   文書の一部への設定は〈ホーム〉タブです。
└──────────────────────────────────────────────────────┘
```

問題58 見出し「報告書の構成」の下の5つの段落に箇条書きを設定してください。
行頭文字は、フォント「Segoe UI Symbol」の文字コード「2705」(White
Heavy Check Mark)にします。

問題58 解説

①見出し「報告書の構成」の下の5つの段落を選択します。

②〈ホーム〉タブの〈段落〉グループから、ボタン右側の〈∨〉をクリックし、〈新
しい行頭文字の定義〉を選択します。

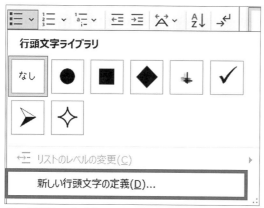

③〈行頭の文字〉から〈記号〉を選択します。

※行頭文字に画像を指示された場合は、ここで〈図〉を選択します。

④〈フォント〉から〈Segoe UI Symbol〉を選択します。

※「Segoe UI Symbol」を問題文からコピーアンドペーストするか、「Segoe UI S」など途中まで手入力してから候補を表示すると、選択しやすくなります。

※コピーアンドペーストの場合は、貼り付けた後、別の場所をクリックすると、アイコンの表示が切り替わります。EnterキーではOKが入力されてしまうため、注意しましょう。

⑤文字コードに「2705」を入力し、Unicode名が問題文の指示「White Heavy Check Mark」と一致していることを確認した上でEnterキーを入力します。

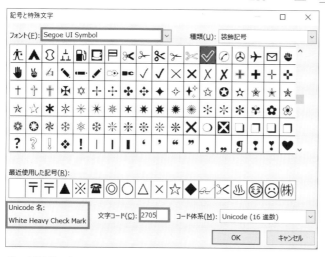

⑥〈OK〉をクリックします。

※Enterキーでは〈記号〉が選択され、再び〈記号と特殊文字〉のウィンドウが開いてしまいます。

2 行頭文字や番号書式を変更する

問題59　見出し「報告書の作成ヒント」の下の3つの段落について、箇条書きの行頭文字を「◆」に変更してください。

問題59 解説

① 「報告書の作成ヒント」の下の３つの段落を選択します。

② 〈ホーム〉タブの〈段落〉グループから、☰ボタン右側の〈∨〉をクリックし、「◆」を選択します。

---

3 新しい行頭文字や番号書式を定義する

問題60　見出し「データ収集と方法」内の「実験記録のための…」から「…結論の導き方」までの段落について、「その1」「その2」「その3」の段落番号を新しく定義し、設定してください。数字は半角にします。

問題60 解説

①見出し「データ収集と方法」内の「実験記録のための…」から「…結論の導き方」までの段落を選択します。

② 〈ホーム〉タブの〈段落〉グループから、☰ボタン右側の〈∨〉をクリックし、〈新しい番号書式の定義〉を選択します。

③ 〈番号の種類〉を半角の数字〈1, 2, 3, …〉に変更します。

※全角や他の形式を指定したい場合、この〈番号の種類〉を変更します。

④ 〈番号書式〉を「その1」に変更します。

※元の数字「1」は削除しません。削除してしまった場合は、〈番号の種類〉を選択し直してください。
※問題文の指示上、数字の前後に括弧やピリオドは付いていません。消し忘れないよう、注意しましょう。

⑤Enterキーを入力します。

4 リストのレベルを変更する

問題61 「興味のある分野を…」から「…テーマを決定」までの段落のリストのレベルを「レベル2」に変更してください。

問題61 解説

①「興味のある分野を…」から「…テーマを決定」までの段落を選択します。

※選択中の段落のみ、レベルが変更されます。
※Ctrl+Fで検索すると効率的です。

②〈ホーム〉タブの〈段落〉グループから、≡ボタン右側の〈∨〉をクリックし、〈リストのレベルの変更〉を選択します。

③〈レベル2〉（上から2番目）を選択します。

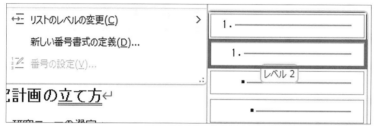

※マウスポインタを当ててしばらく待つと、レベルが表示されます。
※ショートカットキーを使ってTabで1レベル下げる、Shift+Tabで1レベル上げることもできます。ただし、現在何レベルなのかがわかりにくいため、試験では上記の手順で設定すると良いでしょう。また、表の中に箇条書きを設定している場合などショートカットキーではレベルを変更できないケースもあります。

> **memo** **リストのレベルは昇順**
>
> リストのレベルは、上から昇順（レベル1→レベル2→レベル3……）です。

5 開始番号を設定する、振り直す、続けて振る

問題62 見出し「技術・工作」の下4つの段落について、開始番号を「ア」から順になるように振り直してください。

問題62 解説

①見出し「技術・工作」の下4つの段落を選択します。

※先頭の段落から振り直しが行われます。

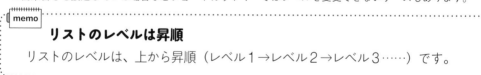

（別解）見出し「技術・工作」の下4つの先頭の段落内に移動

②右クリックメニューから〈アから再開〉を選択します。

※番号書式によって、〈○○○から再開〉の表示が変わります。例えば、「1.2.3.」の場合は右クリックメニューの表示は〈1 から再開〉となります。

問題63　見出し「プレゼンテーションの準備」の下の箇条書きが「4」から始まるように変更してください。

問題63　解説

① 「プレゼンテーションの準備」の下の箇条書きの、最初の段落上で右クリックします。

※右クリックした段落から、指定した番号が始まります。

② 〈番号の設定〉をクリックします。

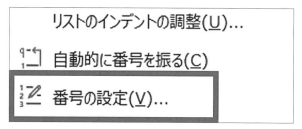

③ 〈開始番号〉に「4」を入力し、Enterキーを入力します。

※出題の便宜上、中途半端な数字「4」から振り直しています。文書上は「4」からスタートさせることに、特に意味はありません。

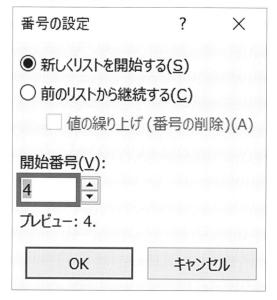

> **memo**
>
> ### 任意の値から始めるには〈番号の設定〉
>
> 　リストを任意の値から始めたい場合は、右クリックメニューの〈番号の設定〉から指定します。

04

第 **4** 章

—

参考資料の作成と管理

4-1

脚注と文末脚注を作成する、管理する

脚注と文末脚注の作成・管理は、ほとんどの人がなじみのない機能かもしれません。操作方法は単純なため、得点チャンスとして確実に押さえましょう。
ここでは、Wordファイル「4-1」とtextファイル「4」を使用します。

Wordファイル「4-1」

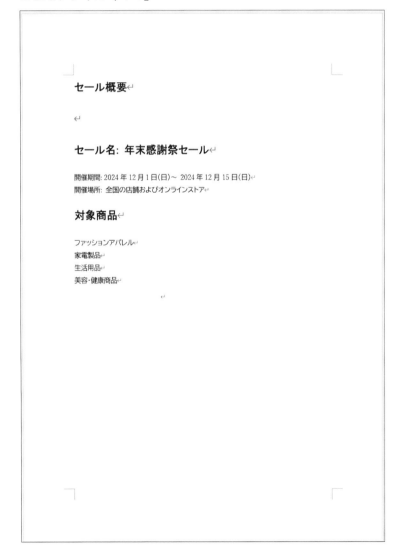

1 脚注や文末脚注を挿入する

問題64 「家電製品」の後ろに脚注を挿入してください。内容は「PCは除く」とします。

問題64　解説

①文字列「家電製品」の後ろに移動します。

※Ctrl+Fで「家電製品」を検索すると、楽に移動できます。

②〈参考資料〉タブの〈脚注〉グループから〈脚注の挿入〉をクリックします。脚注が挿入されます。

③「PCは除く」と入力します。

> ┌─ memo ─────────────────────────────
> **参考となる情報の追加は〈参考資料〉タブ**
> 　目次・脚注は参考となる「情報」の追加です。情報の追加は〈参考資料〉タブです。
> 　〈挿入〉タブと間違えやすいので注意しましょう。〈挿入〉タブは、表・図・記号などの「パーツ」の追加です。
> 　例えば、表の挿入は「表という枠組み」を挿入するのであって、情報が増えるわけではありません。

問題65　文字列「2024年12月15日（日）」の後ろに文末脚注を挿入してください。脚注の内容は「店舗によって定休日あり」とします。

問題65　解説

①文字列「2024年12月15日（日）」の後ろに移動します。

②〈参考資料〉タブの〈脚注〉グループから〈文末脚注の挿入〉をクリックします。文末脚注が挿入されます。

③「店舗によって定休日あり」と入力します。

> **memo**
> ## 脚注はページの最後、文末脚注は文書の最後
> 脚注と文末脚注の違いは、表示される位置です。
>
> 脚注は各ページの最後、文末脚注は文書（セクションがある場合、セクション）の最後に表示されます。

2 脚注や文末脚注のプロパティを変更する

問題66　文書内の脚注「PCは除く」を文末脚注に変換してください。
　　　　※問題64の解答後に解いてください。

問題66　解説

①脚注「PCは除く」を右クリックして、〈文末脚注に変換〉をクリックします。

ab' 脚注へ移動(G)
脚注と文末脚注のオプション(N)...
文末脚注に変換(V)
記号と特殊文字(S)

※脚注もCtrl+Fで検索できます。
※文末脚注を右クリックした場合は、「文末脚注に変換」ではなく「脚注に変換」が表示されます。
※複数の脚注を変換する場合、変更したい脚注を選択した状態で右クリックすれば、一括で変換できます。

問題67　文末脚注の番号書式を「a, b, c…」に変更してください。変更は文書全体
　　　　に反映します。

問題67　解説

①文末脚注を右クリックして、〈脚注と文末脚注のオプション〉を選択します。〈脚注
と文末脚注〉ウィンドウが起動します。

※文末脚注の右クリックから〈脚注と文末脚注のオプション〉を開くと、〈場所〉が〈文末脚注〉固定状態で起動します。
※文末脚注ではなく、脚注の番号略式を変更する場合は、脚注の右クリックから〈脚注と文末脚注のオプション〉を選択します。

② 〈番号書式〉を〈a, b, c …〉に変更し、〈変更の対象〉が〈文書全体〉となっていることを確認した上で〈適用〉ボタンをクリックします。

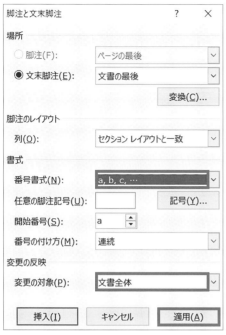

※Enterキーでは〈挿入〉（追加）されてしまいます。今の番号略式を変更するには〈適用〉です。

+α

「脚注のレイアウトを〇段に」も〈脚注と文末脚注〉ウィンドウ

脚注のレイアウトを〇段に指示された場合も、対象の脚注を右クリックして〈脚注と文末脚注〉ウィンドウ上から設定します。

〈脚注のレイアウト〉内の〈列〉から設定します。

前章

第1章

第2章

第3章

第4章

参考資料の作成と管理

第5章

第6章

補章

目次を作成する、管理する

　目次は脚注同様、〈参考資料〉タブで操作します。タブの位置さえわかれば、簡単に得点できるでしょう。

　ここでは、Wordファイル「4-1」、Wordファイル「4-2」、textファイル「4」を使用します。

Wordファイル「4-1」

セール概要

セール名: 年末感謝祭セール

開催期間: 2024 年 12 月 1 日(日)〜 2024 年 12 月 15 日(日)
開催場所: 全国の店舗およびオンラインストア

対象商品

ファッションアパレル
家電製品
生活用品
美容・健康商品

1 目次を挿入する

問題68　見出し「セール概要」の次の空の段落に「自動作成の目次 1」を挿入して
　　　　ください。

問題68　解説

①見出し「セール概要」の次の空の段落に移動します。

②〈参考資料〉タブの〈目次〉グループから〈目次〉をクリックし、〈自動作成の目
　次 1〉を選択します。

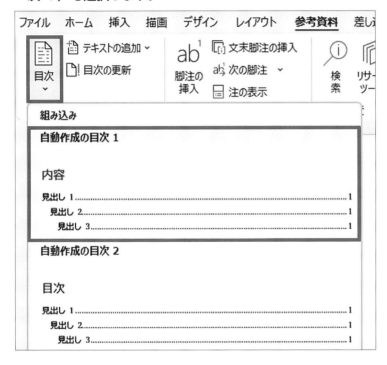

問題69　見出し「従業員への連絡事項」とその下の本文を削除し、目次を更新して
　　　　ください。
　　　　　※問題68の解答後に解いてください。

問題69　解説

①見出し「従業員への連絡事項」とその下の本文を削除します。

※文末脚注は、削除しません。

②本文中の目次を選択し、〈目次の更新〉をクリックします。

前章
第1章
第2章
第3章
第4章
参考資料の作成と管理
第5章
第6章
補章

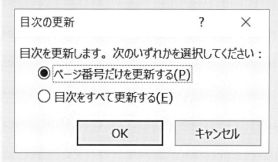

+α

ページ番号だけの更新

「ページ番号だけを更新してください」などの指示があった場合、〈目次の更新〉
クリック後に表示されるウィンドウで〈ページ番号だけを更新する〉を選択します。

目次の更新	?	×
目次を更新します。次のいずれかを選択してください：		
⦿ ページ番号だけを更新する(P)		
○ 目次をすべて更新する(E)		
OK	キャンセル	

※目次対象の見出しが削除された場合、〈目次の更新〉クリック後に、目次がすべて更新されます。上
記のウィンドウは表示されません。

ここからは、Wordファイル「4-2」とtextファイル「4」を使用します。

Wordファイル「4-2」

・建築デザイン入門

はじめに

建築デザインの世界へようこそ。この文書では、建築デザインの基礎から、歴史的な背景、そして現代のトレンドまでを網羅的に解説します。

第1章 建築デザインの基本

- 1.1 建築デザインとは
  建築デザインの定義とその重要性について解説します。
- 1.2 建築の要素
  形、機能、素材など、建築を構成する基本要素について説明します。
- 1.3 デザインプロセス
  建築デザインプロジェクトがどのように進行するかの概要を紹介します。

第2章 歴史的建築様式

- 2.1 古代建築
  エジプト、ギリシャ、ローマの建築様式について探ります。
- 2.2 中世の建築
  ゴシック様式など、中世ヨーロッパの建築に焦点を当てます。
- 2.3 近代建築
  産業革命以降の建築様式の発展について説明します。

第3章 現代建築のトレンド

2 ユーザー設定の目次を作成する

問題70　タイトル「建築デザイン入門」の下の空の段落に、目次を挿入してください。
　　　　書式は「モダン」、見出し2までを表示し、ページ番号は表示しません。

問題70　解説

① 〈参考資料〉タブの〈目次〉グループから〈目次〉をクリックし、〈ユーザー設定の目次〉を選択します。

② 〈書式〉で〈モダン〉を選択し、〈アウトライン レベル〉に「2」を入力します。

※「見出し○まで」と指示されたら、〈アウトライン レベル〉に○の数字を入力します。
※既存の目次のアウトラインレベルだけを変更するよう指示された場合も、同様の手順で〈ユーザー設定の
　目次〉ウィンドウを開き、アウトラインレベルだけを変更します。

③ 〈ページ番号を表示する〉のチェックを外し、Enterキーを入力します。

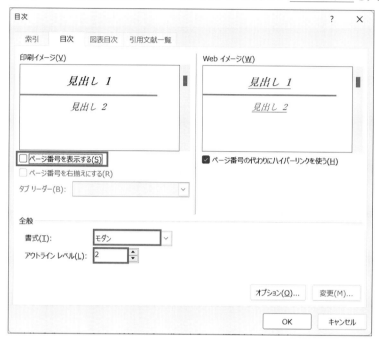

05

第 **5** 章

—

グラフィック要素の挿入と
書式設定

図やテキストボックスを挿入する

挿入自体の操作は単純です。挿入後に行う操作や、挿入する位置に注意しましょう。
ここでは、Wordファイル「5-1」、textファイル「5」、JPEGファイル「ご飯」を使用します。

Wordファイル「5-1」

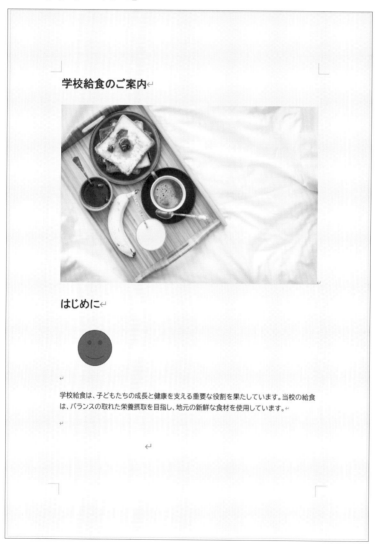

1 図を挿入する

問題71 見出し「給食の目的」の下の空の段落に、画像「ご飯.jpg」を挿入し、幅を「100mm」に設定してください。

　　　　※JPEGファイル「ご飯」を使用します。

問題71　解説

①見出し「給食の目的」の下の空の段落に移動します。

②〈挿入〉タブの〈図〉グループから〈画像〉をクリックし、〈このデバイス...〉を選択します。

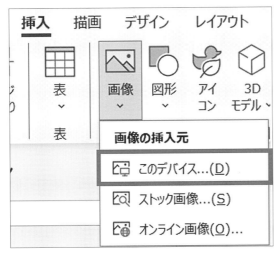

③事前にダウンロードした「ご飯.jpg」を選択し、Enterキーを入力します。

※パソコンの設定によって、ダウンロードしたファイルの保存先が異なります。デフォルトでは「ダウンロード」フォルダ内にあるはずです。
※試験では、デスクトップ上のフォルダ内に画像が用意されています。

④〈図の形式〉タブの右端〈サイズ〉グループの🔳に「100」を入力し、Enterキーを入力します。

※画像選択中のみ、〈図の形式〉タブが表示されます。
※画像を挿入した直後は、図が選択状態となります。

2 図形を挿入する

問題72 見出し「はじめに」の下にある図形スマイルの右側に、図形「ハート」を挿入してください。

問題72 解説

① 〈挿入〉タブの〈図〉グループから〈図形〉をクリックし、候補から〈ハート〉を選択します。

※マウスポインタを当ててしばらく待つと、名称が表示されます。

②**スマイルの右側で、始点から終点までドラッグします。**

※どこにどれくらいのサイズで追加するのかを、マウスポインタで指定します。

---

memo

配置は指示どおりに

「○○の右側」とある場合、配置する画像のほうが小さければ、その○○の右方向の延長線上に収めましょう。

延長線上に収まるように

配置する画像のほうが大きければ、○○の右方向の延長線上に、追加する画像・図形が触れるように配置しましょう。

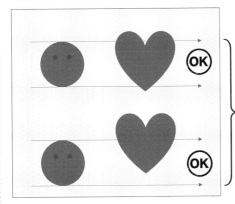

2本の延長線のどちらかに触れるように

問題72のように、自分で大きさを指定する場合、「より小さくして延長線内に収める」のでも、「より大きくして延長線のどちらかに触れるように配置する」のでも、問題ありません。

グラフィック要素の挿入と書式設定

> **memo** **3Dモデル・アイコンの挿入も流れは同じ**
>
> 3Dモデル・アイコンの挿入も、画像や図形とほぼ同じ手順です。
>
> 〈挿入〉タブの〈図〉グループから、〈アイコン〉または〈3Dモデル〉を選択し、対象を選びます。
>
>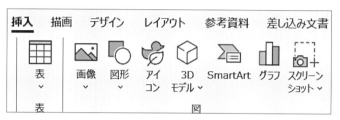
>
> 特定のフォルダ内の3Dモデルを挿入するには、〈3Dモデル〉右の〈V〉をクリックし、〈このデバイス...〉を選択します。
>
>

3 3Dモデルを挿入する

1の「図を挿入する」、2の「図形を挿入する」と手順がほとんど同じため、割愛します。

4 SmartArtを挿入する

問題73　見出し「季節に合わせたメニュー」の前の段落に、SmartArtグラフィック「円形循環」を挿入してください。テキストウィンドウの上から「春」「夏」「秋」と入力し、続けて「冬」を追加してください。

問題73　解説

① 「季節に合わせたメニュー」の前の段落に移動します。

※ 〈ナビゲーションウィンドウ〉から見出し「季節に合わせたメニュー」に移動し、↑キーを入力すると楽です。

② 〈挿入〉タブの〈図〉グループから〈SmartArt〉をクリックします。

③ 〈循環〉から〈円型循環〉を選択し、Enterキーを入力します。

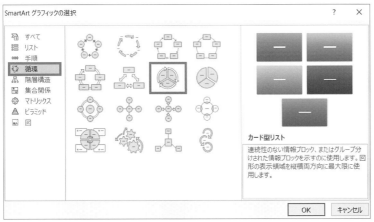

※アイコンを選択すると、右側に名称と説明が表示されます。

④ 〈テキストウィンドウ〉の上から「春」「夏」「秋」と入力します。

※画像上の［テキスト］に直接入力もできますが、〈テキストウィンドウ〉から入力したほうが間違えにくく、図形の追加・削除も行いやすいです。

※〈テキストウィンドウ〉が表示されていない場合、追加したSmartArtの左側の 〈 ボタンをクリックしましょう。〈 ボタンはSmartArt選択中のみ表示されます。

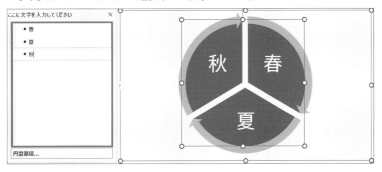

⑤ 「秋」まで入力したら、そのままEnterキーを入力すると、〈テキストウィンドウ〉に箇条書きの段落●が追加されます。追加された●の後ろに「冬」と入力します。

（別解）「秋」の図形を右クリックして〈図形の追加〉から〈後に図形を追加〉を選択し、追加された図形内に「冬」を入力

〈テキストウィンドウ〉で図形の数を楽に調整

〈テキストウィンドウ〉上で箇条書きの段落を追加するとSmartArtの図形が増え、段落を削除するとSmartArtの図形が減ります。

段落を追加するには、箇条書き上でEnterキーを入力します。

5 スクリーンショットや画面の領域を挿入する

出題される可能性が低いため、補章で解説します。

6 テキストボックスを挿入する

問題74 文字列「地域の食材に対する理解と関心を深めます。」と見出し「保護者の皆様へ」の間に、横書きテキストボックスを挿入し、文字列「庭で育てた野菜も使用します!」を入力してください。

問題74 解説

①見出し「保護者の皆様へ」に移動します。

②〈挿入〉タブの〈テキスト〉グループから〈テキストボックス〉をクリックし、候補から〈横書きテキスト ボックスの描画〉を選択します。

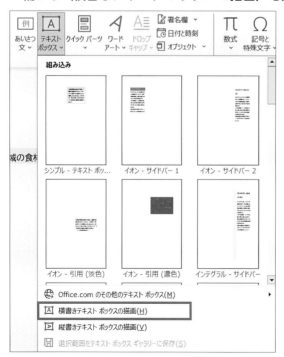

③文字列「地域の食材に対する理解と関心を深めます。」と、見出し「保護者の皆様
　へ」の間上で、始点から終点までドラッグしテキストボックスを追加します。

※テキストボックの大きさに関する指示はないため、文字列「地元の食材だけを使用した特別メニューを提
　供し、地域の食材に対する理解と関心を深めます。」と、見出し「保護者の皆様へ」の間に収まってさえ
　いれば、細かく気にしなくても問題ありません。

※この後に入力するテキストがすべて表示されるよう、横幅に余裕を持たせておくと良いでしょう。

④テキストボックスに「庭で育てた野菜も使用します!」を入力します。

※問題文からコピーしてある場合、テキストボックスを選択してCtrl+V（貼り付け）で入力できます。

7　アイコンを挿入する

　1の「図を挿入する」、2の「図形を挿入する」と手順がほとんど同じため、割愛
します。

前章

第1章

第2章

第3章

第4章

第5章

第6章

補章

グラフィック要素の挿入と書式設定

5-2

図やテキストボックスを 書式設定する

項目が多く、すべて覚えようとすると大変です。だいたいの位置さえわかれば、問題は解けます。大枠を掴みましょう。

引き続き、Wordファイル「5-1」とtextファイル「5」を使用します。

Wordファイル「5-1」

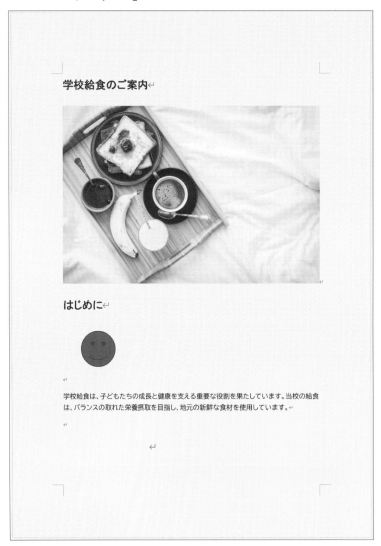

1　アート効果を適用する

問題75　タイトル「学校給食のご案内」の下の写真にアート効果「ペイント: ブラシ」
　　　　を適用してください。

問題75　解説

①タイトル「学校給食のご案内」の下の写真を選択します。

②〈図の形式〉タブ〈調整〉グループ内の〈アート効果〉をクリックし、候補から
〈ペイント: ブラシ〉を選択します。

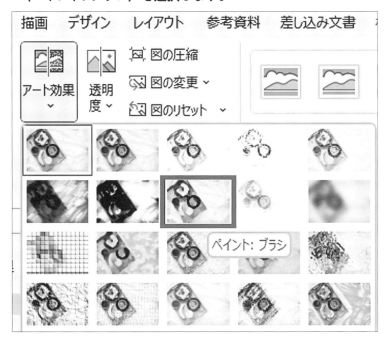

※マウスポインタを当ててしばらく待つと、名称が表示されます。

> **memo**
>
> ### 「図/写真に〇〇」は、選択時に追加されるタブをチェック
>
> 「写真に〇〇」「図に〇〇」と指示があった場合、その対象を選択した際に追加表示されるタブ内を探しましょう。ほとんどの操作が、問題文の指示そのままの名称でタブ内にあります。

2　図の効果やスタイルを適用する

問題76　見出し「給食メニューの特長」の下の写真に効果「光彩: 5pt; 灰色、アク
　　　　セントカラー 3」を適用してください。

問題76　解説

①見出し「給食メニューの特長」の下の写真を選択します。

②〈図の形式〉タブの〈図のスタイル〉グループから〈図の効果〉をクリックします。

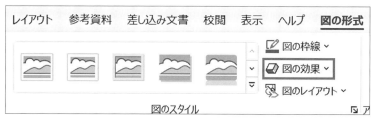

③続けて〈光彩〉の選択肢から〈光彩: 5pt; 灰色、アクセントカラー 3〉をクリックします。

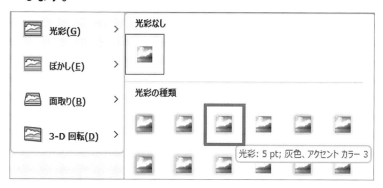

※マウスポインタを当ててしばらく待つと、名称が表示されます。

> **memo**
>
> ### 「写真/図に〇〇」の前半部分に注目して、操作の名称を判別
>
> 「写真に〇〇」「図に〇〇」の指示の前半部分に注目すれば、どんな名称の操作を探せば良いのかわかります。
>
> （例）
>
> ・「写真に効果 光彩……」なら、〈図の効果〉の〈光彩〉
>
> ・「写真にスタイル……」なら、〈図のスタイル〉
>
> ・「写真の明るさを……」なら、〈修整〉（太陽マークが目印。**問題79**memo参照）

問題77　見出し「栄養バランスの考慮」内の写真にスタイル「楕円、ぼかし」を適用してください。

問題77　解説

①見出し「栄養バランスの考慮」内の写真を選択します。

②〈図の形式〉タブの〈図のスタイル〉グループ内にある ⌄ をクリックし、候補から〈楕円、ぼかし〉を選択します。

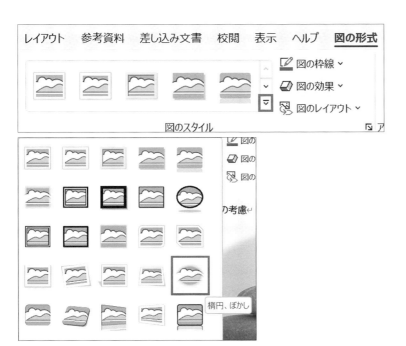

※マウスポインタを当ててしばらく待つと、名称が表示されます。

> **memo**
>
> ### 図のスタイルは見た目で判別
>
> 　図のスタイルは、イラストである程度名称を判別できます。
>
> 　種類が多いので、勘に頼るのではなく形から推測しましょう。
>
> （スタイルの例）
>
> 　「回転、白」　　　「角丸四角形、メタル」

問題78　見出し「はじめに」の下のスマイルの図形に、スタイル「パステル – ゴールド、アクセント 4」を適用してください。

問題78　解説

①見出し「はじめに」の下のスマイルの図形を選択します。

②〈図形の書式〉タブの〈図形のスタイル〉グループにある 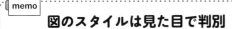 をクリックし、候補から〈パステル – ゴールド、アクセント 4〉を選択します。

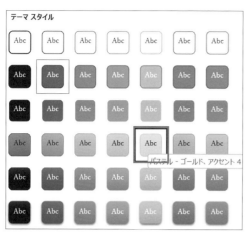

テーマ スタイル

パステル - ゴールド、アクセント 4

※図形と図ではタブの名称やスタイルの種類が異なりますが、手順は同じです。

問題79 見出し「保護者の皆様へ」の下の写真の明るさを「+20%」コントラスト を「+20%」に設定してください。

問題79 解説

①見出し「保護者の皆様へ」の下の写真を選択します。

②〈図の形式〉タブ〈調整〉グループの〈修整〉の候補から、〈明るさ：+20% コン トラスト：+20%〉を選択します。

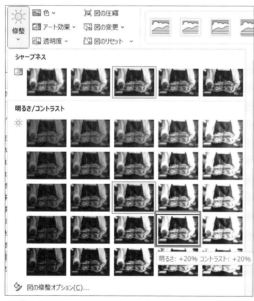

※明るさ・コントラストは真ん中が0%で、右方向が明るさ+、下方向がコントラスト+です。

memo

明るさの調整は太陽マーク

　明るさの調整は〈修整〉から行いますが、名称が異なるため覚えにくいです。太 陽マークと関連づけて覚えましょう。

3 図の背景を削除する

問題80　見出し「特別な給食イベント」内のリンゴの画像の背景を削除してください。

問題80　解説

①見出し「特別な給食イベント」内の画像を選択します。

②〈図の形式〉タブから〈背景の削除〉をクリックします。

③リンゴ以外の背景がピンク色になっていることを確認し、〈背景の削除〉タブ内の〈変更を保持〉をクリックします。

※Enterキーでも同様の操作ができます。
※削除する範囲を調整する場合、〈背景の削除〉タブ内の〈保持する領域としてマーク〉〈削除する領域としてマーク〉を使って調整します。調整が必要な場合は、「○○の部分も削除します」など、明確に指示があります。問題文をよく読みましょう。

4 グラフィック要素を書式設定する

問題81　見出し「季節に合わせたメニュー」の左にある太陽の図形の枠線の色を「黄」、太さを「3pt」に設定してください。

問題81　解説

①見出し「季節に合わせたメニュー」の左にある太陽の図形を選択します。

②〈図形の書式〉タブの〈図形のスタイル〉グループから〈図形の枠線〉を選択し、候補から〈黄〉を選択します。

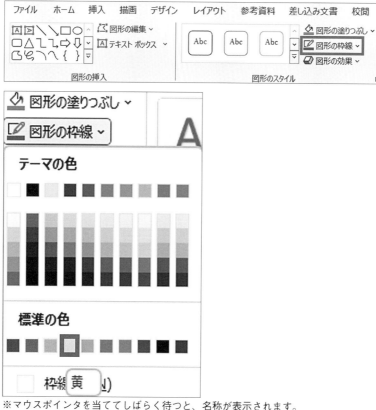

※マウスポインタを当ててしばらく待つと、名称が表示されます。
※「黄」「薄い青」など単純な名称の色は、〈標準の色〉内にあります。

③続けて〈図形の書式〉タブの〈図形のスタイル〉グループから〈図形の枠線〉を選
　択し、〈太さ〉の候補から〈3 pt〉を選択します。

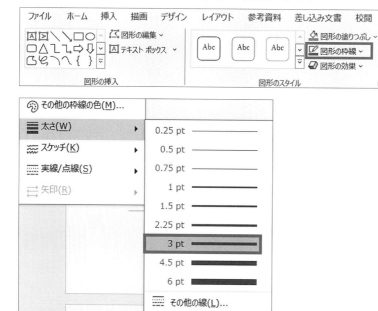

5 SmartArtを書式設定する

問題82 見出し「保護者の皆様へ」内のSmartArtグラフィックにスタイル「光沢」を適用してください。

問題82 解説

① 「保護者の皆様へ」内のSmartArtグラフィックを選択します。

② 〈SmartArtのデザイン〉タブの〈SmartArtのスタイル〉グループから〈光沢〉を選択します。

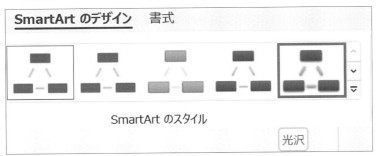

※マウスポインタを当ててしばらく待つと、名称が表示されます。

問題83 見出し「保護者の皆様へ」内のSmartArtグラフィックの色を「カラフル - アクセント 5から 6」に変更してください。

問題83 解説

① 「保護者の皆様へ」内のSmartArtグラフィックを選択します。

② 〈SmartArtのデザイン〉タブの〈SmartArtのスタイル〉グループから〈色の変更〉を選択し、候補から〈カラフル - アクセント 5から 6〉をクリックします。

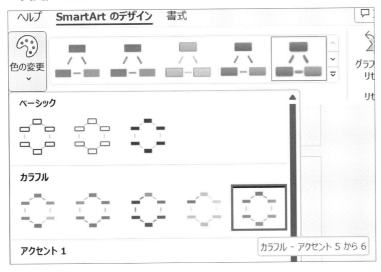

問題84　見出し「保護者の皆様へ」内のSmartArtグラフィックに図形の効果「面取り」の「丸」を設定してください。（SmartArtグラフィック全体を選択します。）

問題84　解説

① 「保護者の皆様へ」内のSmartArtグラフィック全体を選択します。

※SmartArt内の図形のない箇所をクリックすると、全体を選択できます。図形をクリックすると対象がその図形だけになってしまうので注意しましょう。

② 〈書式〉タブの〈図形のスタイル〉グループから〈図形の効果〉内の〈面取り〉を選択します。

③候補から〈丸〉をクリックします。

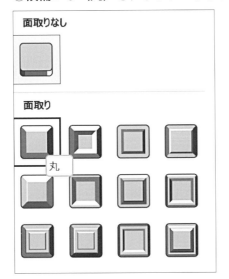

memo

SmartArtのスタイル・色は〈SmartArtのデザイン〉タブ、図形は〈書式〉タブ

SmartArtの書式は、対象がSmartArtか図形によってタブが異なります。

6 3Dモデルを書式設定する

問題85　見出し「まとめ」内にある3Dモデルのビューを「下」に変更してください。

問題85　解説

①見出し「まとめ」内にある3Dモデルを選択します。

※3Dモデルを選択すると、〈3Dモデル〉タブが表示されます。

②〈3Dモデル〉タブ内の〈3Dモデル ビュー〉の候補から〈下〉を選択します。

3D モデルビュー

※マウスポインタを当ててしばらく待つと、名称が表示されます。

グラフィック要素に
テキストを追加する

テキストを追加する操作は単純です。追加する位置に注意しましょう。
ここでは、Wordファイル「5-2」とtextファイル「5」を使用します。

Wordファイル「5-2」

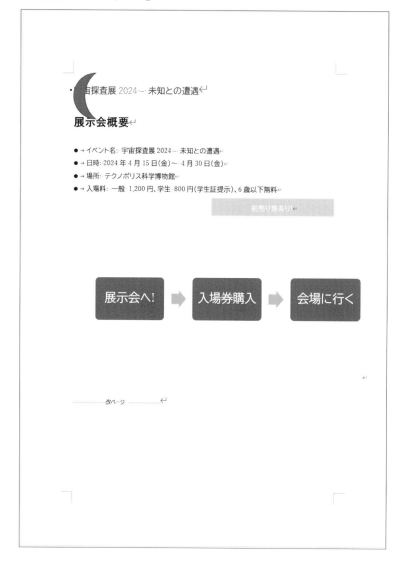

1　テキストボックスにテキストを追加する、テキストを変更する

問題86　見出し「展示会概要」内のテキストボックスの最後に文字列「100円お得!」を追加してください。

問題86　解説

①見出し「展示会概要」内のテキストボックスの文末に移動します。

- イベント名: 宇宙探査展 2024 – 未知との遭遇
- 日時: 2024 年 4 月 15 日(月)～ 4 月 30 日(火)
- 場所: テクノポリス科学博物館
- 入場料: 一般 1,200 円、学生 800 円(学生証提示)、6 歳以下無料

前売り券あり!

②文字列「100円お得!」を入力します。

※「!」は半角です。半角・全角を含む文字列は、問題文からコピーアンドペーストすると確実です。

---

memo
テキストは新規追加・追加・変更の３パターン

　テキストボックスや図形にテキストを追加・変更する問題は大きく次の３パターンです。
①空のテキストボックス・図形に文字列を新しく追加
②既存の文字列（最後など）に文字列を追加
③既存の文字列を変更

2　図形にテキストを追加する、テキストを変更する

問題87　見出し「宇宙飛行士の体験」内の吹き出しの図形に、文字列「VRゴーグルの販売もあります」を追加してください。

問題87　解説

①見出し「宇宙飛行士の体験」内の吹き出しの図形を選択します。
②文字列「VRゴーグルの販売もあります」を入力します。

※図形を選択した状態で文字を入力すると、図形の中に文字列が追加されます。
※問題文からコピーアンドペーストする場合は、選択状態でCtrl+Vを入力すればテキストを追加できます。

3　SmartArtの内容を追加する、変更する

問題88　見出し「展示会概要」内のSmartArtグラフィックの図形が、左から「会場に行く」「入場券購入」「展示会へ!」となるように、順序を入れ替えてください。

問題88　解説

①見出し「展示会概要」内のSmartArtグラフィックを選択します。

②〈テキストウィンドウ〉の「展示会へ!」の段落内で右クリックし、〈下へ移動〉を選択します。

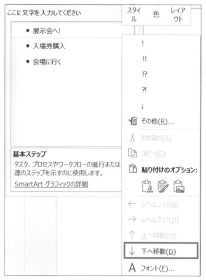

※〈テキストウィンドウ〉が表示されていない場合、追加したSmartArtの左側の ボタンをクリックしましょう。 ボタンはSmartArt選択中のみ表示されます。

（別解）移動したい図形を選択し、〈SmartArtのデザイン〉タブ〈グラフィックの作成〉内の〈下へ移動〉を選択

③もう一度、〈テキストウィンドウ〉の「展示会へ!」の段落内で右クリックし、〈下へ移動〉を選択します。

④〈テキストウィンドウ〉の「会場へ行く」の段落内で右クリックし、〈上へ移動〉を選択します。

※最終的に問題文の指示どおりの順序になれば、どれをどのような順番で動かしてもかまいません。

問題89　見出し「ご来場の皆様へ」の上にあるSmartArtの左右を入れ替えてください。

問題89　解説

①見出し「ご来場の皆様へ」の上にあるSmartArtを選択します。

※SmartArt内であればどこでもかまいません。

②〈SmartArtのデザイン〉タブ〈グラフィックの作成〉内の〈右から左〉をクリックします。

※場所を厳密に覚えなくても良いです。まずは右クリックメニューを探してみて、次にタブを探すという手順で見つけられれば、問題ありません。

5-4

グラフィック要素を変更する

問題文がやや複雑に見えますが、設定箇所さえわかれば解けるはずです。まずは、どこで設定するのかを覚えましょう。

引き続き、Wordファイル「5-2」とtextファイル「5」を使用します。

Wordファイル「5-2」

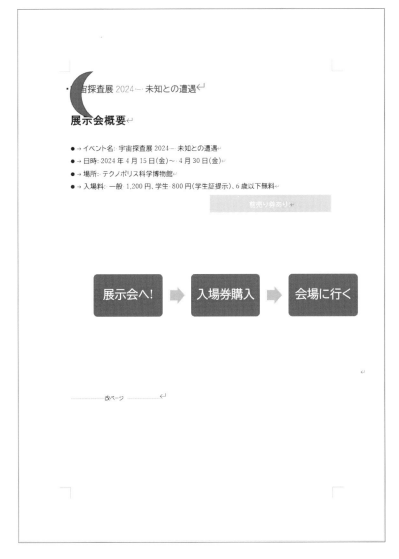

1 オブジェクトを配置する

問題90 文書内のハートの図形を、段を基準にして中央揃え、余白を基準にして下方向の距離「100mm」に配置してください。

問題90 解説

①文書内のハートの図形を右クリックし、〈その他のレイアウトオプション〉を選択します。

②〈位置〉タブを開き〈水平方向〉の〈配置〉を〈中央揃え〉に、〈基準〉を〈段〉に変更し、〈垂直方向〉の〈下方向の距離〉を「100」に、〈基準〉を〈余白〉に変更し、Enterキーを入力します。

memo

左右なら〈水平〉、上下なら〈垂直〉、「○mm」なら〈○方向の距離〉

〈その他のレイアウトオプション〉から起動する〈レイアウト〉ウィンドウは、項目が複雑に見え、混乱しやすいです。

まずは指示された内容が左右か上下か、方向を捉えましょう。

左右なら〈水平方向〉、上下なら〈垂直方向〉内で設定します。

また、「○○mm」と指示された場合は設定すべきは〈○方向の距離〉です。

問題91 文章の先頭の「月」の図形の位置を「右上に配置し、四角の枠に沿って文字列を折り返す」に設定してください。

前章

第1章

第2章

第3章

第4章

第5章

第6章

補章

グラフィック要素の挿入と書式設定

問題91　解説

①文章の先頭の月の図形を選択します。

②〈図形の書式〉タブの〈配置〉グループ内〈位置〉をクリックし、候補から（右上に配置し、四角の枠に沿って文字列を折り返す）を選択します。

※マウスポインタを当ててしばらく待つと、名称が表示されます。

> **memo**
>
> **〇〇に配置し、四角の枠に沿って文字列を折り返す**
>
> 　「〇〇（左上、右下など）に配置し」と指示があった場合は、〈位置〉の候補から選択します。手動で配置すると誤りとなるので、注意しましょう。

2　オブジェクトの周囲の文字列を折り返す

問題92　見出し「ご来場の皆様へ」内の写真について、文字列の折り返しを四角形に設定してください。

問題92　解説

①見出し「ご来場の皆様へ」内の写真を右クリックし、〈文字列の折り返し〉の候補から〈四角形〉を選択します。

（別解）写真選択後、〈図の形式〉タブ内の〈配置〉グループ〈文字列の折り返し〉から〈四角形〉を選択

3 オブジェクトに代替テキストを追加する

問題93 見出し「展示会概要」内のSmartArtに、代替テキスト「入場までの流れ
1.会場に行く2.入場券購入3.展示会へ」を設定してください。

問題93 解説

①見出し「展示会概要」内のSmartArt上で右クリックし、〈代替テキストを表示〉
を選択します。

②〈代替テキスト〉ウィンドウに「入場までの流れ1.会場に行く2.入場券購入3.展示
会へ」を入力します。

※長文のため、問題文からコピーアンドペーストをおすすめします。

③〈×〉をクリックして、〈代替テキスト〉ウィンドウを閉じます。

06

第 6 章

—

文書の共同作業の管理

コメントを追加する、管理する

非常に簡単な操作で解けますが、ケアレスミスに注意します。コメントを「解決」するのか「削除」するのかなど、問題文をよく読みましょう。

ここでは、Wordファイル「6-1」とtextファイル「6」を使用します。

Wordファイル「6-1」

プロジェクト提案書

1.概要

本プロジェクトは、当社の既存顧客基盤に対する新しいサービス提案を目的としています。サービスの革新を通じて顧客満足度を向上させ、市場での競争力を高めることが目標です。

2.目標

- 顧客満足度の向上
- 新しいサービスを市場に導入
- 売上の増加

3.提案サービス

提案する新サービスは、オンラインでのカスタマーサポートを強化するものです。24時間365日対応のチャットサポート、AIによる問い合わせ対応、個別対応のビデオコンサルティングなどを含む。

4.実施計画

- マーケットリサーチと顧客ニーズ分析
- サービス開発とテスト
- マーケティング戦略の策定と実施
- フィードバック収集とサービスの改善

1 コメントを追加する

問題94 見出し「2.目標」にコメントを挿入してください。コメントには「具体的な数値目標が欲しいです」と記述します。

問題94 解説

①見出し「2.目標」を選択します。

※選択した文字列に対してコメントが付随します。見出し「2.目標」にコメントを挿入するため、見出し全体を選択する必要があります。選択をせずにコメントを挿入した場合、誤りとなります。注意しましょう。

②右クリックメニューから〈新しいコメント〉を選択します。

③コメントに「具体的な数値目標が欲しいです」と入力します。

※比較的長文なので、問題文からコピーアンドペーストをおすすめします。

④Ctrl＋Enterキーを入力し、コメントを投稿します。

（別解） ▷ をクリック

※ショートカットキーは覚える必要ありません。コメントの下に、ヒントとしてCtrl＋Enterキーで投稿できる旨が表示されます。

2 コメントを閲覧する、返答する

問題95 見出し「1.概要」のコメントに「承知しました。」と返信してください。

問題95 解説

①見出し「1.概要」を右クリックし、〈コメントに返信〉を選択します。対象のコメントの〈返信〉ボックスにカーソルが移動します。

②「承知しました。」と入力し、Ctrl＋Enterキーを入力します。

※問題文からコピーアンドペーストするのが確実です。「。」などの入力漏れを防げます。

前巻
第1章
第2章
第3章
第4章
第5章
第6章
補章

文書の共同作業の管理

3 コメントを解決する

問題96　見出し「3.提案サービス」に挿入されているコメントを解決してください。

問題96　解説

①見出し「3.提案サービス」上で右クリックし、〈コメントの解決〉を選択します。

> （別解）見出し「3.提案サービス」に挿入されているコメントの〈…〉をクリックし、〈スレッドを解決する〉を選択

4 コメントを削除する

問題97　文字列「365日」のコメントを削除してください。

問題97　解説

①文字列「365日」上で右クリックし、〈コメントの削除〉を選択します。

> （別解）文字列「365日」に挿入されているコメントの〈…〉をクリックし、〈スレッドの削除〉を選択

※「削除してください」と「解決してください」では、行う操作が異なります。問題文をよく読んで、間違えないようにしましょう。

> **memo**
>
> ### 「コメントをすべて削除」は一括処理あり
>
> 「文書内のコメントをすべて削除」するよう指示された場合、一括で削除できるボタンがあります。
>
> 〈校閲〉タブの〈コメント〉グループ内〈削除〉から〈ドキュメント内のすべてのコメントを削除〉です。
>
>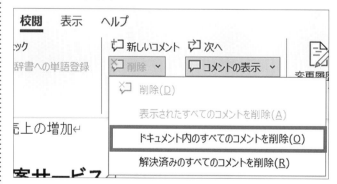
>
> なお、1つ1つのコメントを〈…〉の〈スレッドの削除〉から削除しても、誤りではありません。余力があれば、〈校閲〉タブ内にコメントを一括で削除できる処理があることを覚えておきましょう。

変更履歴を管理する

変更履歴は奥まった箇所に設定があり、難しく感じるかもしれません。まずは単純に、変更を記録する手順を理解しましょう。

ここでは、Wordファイル「6-1」、Wordファイル「6-2」、Wordファイル「6-3」、textファイル「6」を使用します。

Wordファイル「6-1」

プロジェクト提案書

1.概要

本プロジェクトは、当社の既存顧客基盤に対する新しいサービス提案を目的としています。サービスの革新を通じて顧客満足度を向上させ、市場での競争力を高めることが目標です。

2.目標

- 顧客満足度の向上
- 新しいサービスを市場に導入
- 売上の増加

3.提案サービス

提案する新サービスは、オンラインでのカスタマーサポートを強化するものです。24時間365日対応のチャットサポート、AIによる問い合わせ対応、個別対応のビデオコンサルティングなどを含む。

4.実施計画

- マーケットリサーチと顧客ニーズ分析
- サービス開発とテスト
- マーケティング戦略の策定と実施
- フィードバック収集とサービスの改善

1 変更履歴を設定する

問題98　見出し「6.結論」内の「サービス提案」を「プロジェクト」に修正してください。変更内容は記録します。ただし、記録は終了して終わること。

問題98　解説

① 〈校閲〉タブの 〈変更履歴の記録〉ボタンをクリックします。

※ボタン全体がグレーアウトしていれば記録が開始しています。

（別解）画面右上のタブを 〈編集〉から 〈レビュー〉に変更

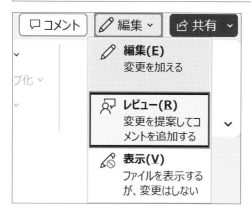

② 見出し「6.結論」内の「サービス提案」を「プロジェクト」に修正します。

③ 〈校閲〉タブの 〈変更履歴の記録〉ボタンをクリックします。

※グレーアウトが解除されれば、記録が終了しています。

（別解）画面右上のタブを 〈レビュー〉から 〈編集〉に変更

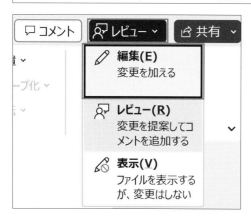

前章

第1章

第2章

第3章

第4章

第5章

第6章

補章

> **memo** **ほかの人との作業は〈校閲〉タブ**
>
> コメント・変更履歴ともに、ほかの人との作業用の機能です。
>
> ほかの人との作業に関する機能は〈校閲〉タブです。

> **memo** **記録の終了を忘れずに**
>
> 変更履歴を記録する問題は、ほぼ間違いなく「記録の終了」がセットで指示されます。
>
> 記録の終了を忘れると、誤りとなります。作業漏れに注意しましょう。

問題99 削除された箇所が二重取り消し線で表示されるよう変更履歴を設定し、「AIによる問い合わせ対応、」を削除してください。変更した内容は記録します。その後、変更履歴の記録を終了してください。

問題99 解説

① 〈校閲〉タブの〈変更履歴〉グループの ⤵ をクリックします。〈変更履歴オプション〉ウィンドウが起動します。

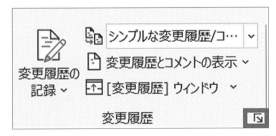

② 〈詳細オプション〉を選択します。

文書の共同作業の管理

③ 〈削除された箇所〉を〈二重取り消し線〉に変更し、Enterキーを入力します。

変更履歴の詳細オプション	?	×

変更履歴とコメント

挿入された箇所(I):	下線	色(C):	校閲者別
削除された箇所(D):	二重取り消し線	色(C):	校閲者別
変更された行(A):	外枠		

移動

☑ 移動を記録する(K)

移動前(O):	二重取り消し線	色(C):	緑
移動後(V):	二重下線	色(C):	緑

表のセルの強調表示

挿入されたセル(L):	薄い青	結合されたセル(L):	薄い黄
削除されたセル(L):	ピンク	分割されたセル(L):	薄いオレンジ

書式

☑ 書式の変更を記録する(I)

書式が変更された箇所(F):	(なし)	色(C):	校閲者別

吹き出し

吹き出しの幅(W):	94 mm	基準(E):	ミリメートル (mm)
余白(M):	右余白		

☑ 文字列からの引き出し線を表示する(S)

印刷するときの用紙の向き(P):	変更しない

OK	キャンセル

※指示のあった箇所以外は変更しません。

④ 〈変更履歴オプション〉ウィンドウで〈OK〉をクリックします。

※手順②で〈詳細オプション〉を選択しているため、Enterキーでは〈OK〉できません。

⑤ 〈校閲〉タブの〈変更履歴〉グループ内〈変更履歴の記録〉をクリックし、変更の記録を開始します。

⑥ 「AIによる問い合わせ対応、」を削除します。

※Ctrl+Fで検索すると楽です。
※「、」を削除し忘れないよう注意しましょう。
※〈変更内容の表示〉を〈すべての変更履歴/コメント〉にすると、削除した箇所が二重取り消し線になっているか、実際に確認できます。

⑦ 〈校閲〉タブの〈変更履歴〉グループ内〈変更履歴の記録〉をクリックし、変更の記録を終了します。

前章

第1章

第2章

第3章

第4章

第5章

第6章

補章

文書の共同作業の管理

> **memo** **変更履歴の表示方法は〈変更履歴の詳細オプション〉**
>
> 「○○された箇所が○○で表示されるように変更履歴を設定し」など、変更履歴の表示方法に関する指示があったら、〈変更履歴の詳細オプション〉を確認しましょう。

> **memo** **「○○色のみ」は〈色のみ〉を選択**
>
> 変更履歴の表示方法に「○○色のみで表示されるように」など「○○色のみ」の指示があった場合は、〈色のみ〉を選択して指定の色を選びます。
>
> 〈なし〉ではないため、注意しましょう。

問題100 変更内容の表示を「すべての変更履歴/コメント」にしてください。次に、書式設定の変更履歴だけを表示し、表示したすべての変更を拒否してください。

問題100 解説

① 〈校閲〉タブ内〈変更履歴〉グループの🖹の右の〈∨〉をクリックし、表示方法を〈すべての変更履歴/コメント〉に変更します。

※すでに〈すべての変更履歴/コメント〉になっている場合は、変更不要です。

校閲　表示　ヘルプ
ェック　　　💬 新しいコメント ▷ 次へ　　　　　📄　　　🖹 すべての変更履歴/コメ… ∨
の辞書への単語登録　✕ 削除 ∨　💬 コメントの表示 ∨　変更履歴の　🗐 変更履歴とコメントの表示 ∨
💬 前へ　　　　　　　　　　記録 ∨　⬆ [変更履歴] ウィンドウ ∨
コメント　　　　　　　　　　　　　変更履歴　　⌐

② 同じく〈校閲〉タブ内〈変更履歴〉グループより、〈変更履歴とコメントの表示〉ボタンをクリックし、〈挿入と削除〉をクリックし、〈✓〉を解除します。

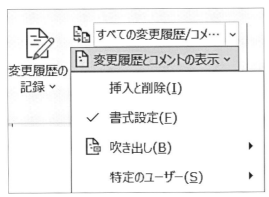

※〈挿入と削除〉と〈書式設定〉のうち、〈書式設定〉だけに✓が付いている状態にします。
※〈書式設定〉に✓が付いていない場合は、追加で〈書式設定〉をクリックする手順が必要です。

③ 〈校閲〉タブ内〈変更箇所〉グループの〈元に戻す〉の下の〈∨〉をクリックし、
　 候補から〈表示されたすべての変更を元に戻す〉を選択します。

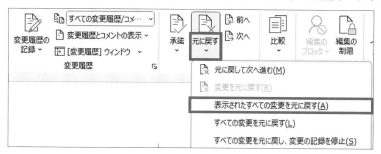

※〈すべての変更を元に戻す〉と間違えないようにしましょう。
※拒否ではなく反映する場合は、〈承諾〉の下の〈∨〉をクリックし、候補から〈表示されたすべての変更
　を反映〉を選択します。

+α

特定のユーザーの変更・コメントだけを表示

　〈変更履歴とコメントの表示〉の候補〈特定のユーザー〉上で、ユーザーの絞り
込みも行えます。

　✓の付いたユーザーの変更履歴・コメントだけを表示できます。

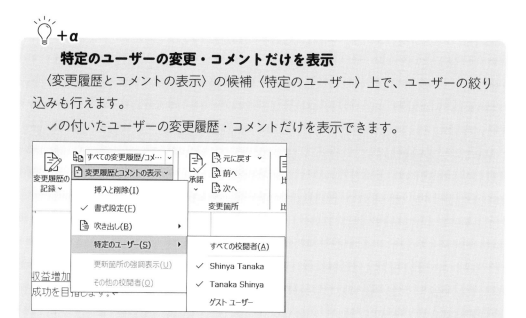

2 変更履歴を閲覧する

単体では出題されないため、割愛します。

ここからは、Wordファイル「6-2」とtextファイル「6」を使用します。

Wordファイル「6-2」

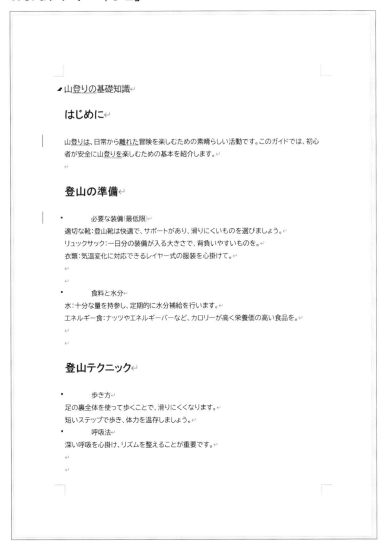

3 変更履歴を承諾する、元に戻す

問題101　文章中の１つ目の変更履歴を承諾し、２つ目の変更履歴を元に戻してください。

問題101 解説

① 〈校閲〉タブの〈変更履歴〉グループから〈[変更履歴] ウィンドウ〉の〈∨〉を
クリックし、〈縦長の[変更履歴] ウィンドウを表示〉を選択します。

② 〈変更履歴〉ウィンドウの上から1つ目を右クリックし、〈削除を反映〉を選択します。

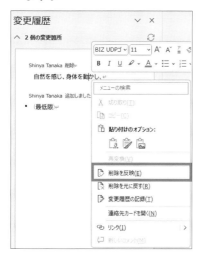

※1つ目は承諾するので、反映します。
※〈変更履歴〉ウィンドウには、コメントも表示されます。コメントは数に入れず、変更履歴の上から1つ
　目を右クリックしましょう。

③ 〈変更履歴〉ウィンドウの2つ目を右クリックし、〈挿入を元に戻す〉を選択します。
④ 〈×〉をクリックして〈[変更履歴] ウィンドウ〉を閉じます。

（別解1）〈変更内容の表示〉を〈すべての変更履歴/コメント〉にして、文書の上から1番目の変更箇所に
　　　　　移動し、〈承諾して次へ進む〉をクリックした後、〈元に戻して次へ進む〉をクリック

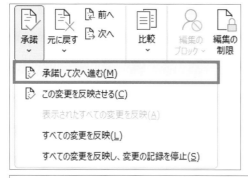

（別解2）〈変更内容の表示〉を〈すべての変更履歴/コメント〉にして、文書の上から1番目の変更箇所を右ク
　　　　　リックして〈削除を反映〉を選択し、2番目の変更箇所を右クリックして〈挿入を元に戻す〉を選択

> **memo**
>
> **変更箇所の確認は〈変更履歴〉ウィンドウで**
>
> 〈変更履歴〉ウィンドウは、どこにどんな変更が行われたのかを一覧上で確認でき、便利です。覚えておくと実務でも重宝します。

ここからは、Wordファイル「6-3」とtextファイル「6」を使用します。

Wordファイル「6-3」

・フリーマーケット開催のご案内

イベント概要

- イベント名: グリーンパーク・フリーマーケット 2024
- 日時: 2024 年 5 月 19 日（金）10:00〜17:00
- 場所: グリーンパーク 中央広場
- 入場料: 無料

出品者の皆様へ

- 出品登録: 事前にウェブサイトで登録をお願いします。登録締切は 4 月 30 日です。
- 出品料: 1 ブースあたり 2,000 円
- 設置時間: 当日朝 8:00 から 9:30 までに設営を完了してください。

来場者の皆様へ

- アクセス: 公共交通機関をご利用の場合は、グリーンパーク駅が最寄り(徒歩約 10 分)です。
- 駐車場: 会場近隣に無料駐車場がありますが、台数に限りがある(最大 20 台)ため、乗り合わせでのご来場をお勧めします。

イベント内容

- 様々な手作りアイテム、ヴィンテージ品、衣類、アクセサリー、家具、本などが販売されます。
- フードトラックが並び、飲食も楽しめます。
- 子ども向けのアクティビティやワークショップもありますので、家族連れでも一日中お楽しみいただけます。

注意事項

問題102　変更履歴をすべて承諾してください。

問題102　解説

① 〈校閲〉タブ内〈変更箇所〉グループの〈承諾〉の下の〈∨〉をクリックし、候補から〈すべての変更を反映〉を選択します。

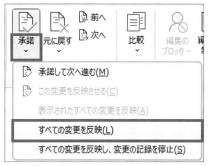

※「すべて拒否」と指示された場合は、〈元に戻す〉の下の〈∨〉から、〈すべての変更を元に戻す〉を選択します。

※試験では、いきなりすべて承諾でかまいません。実務では承諾前に〈[変更履歴]ウィンドウ〉から変更箇所を確認しましょう。

4　変更履歴をロックする、ロックを解除する

問題103　変更履歴の記録をロックしてください。パスワードは「123」に設定します。

問題103　解説

① 〈校閲〉タブ内〈変更履歴の記録〉の〈∨〉をクリックし、候補から〈変更履歴のロック〉を選択します。

② 〈パスワードの入力〉と〈パスワードの確認入力〉それぞれに「123」を入力し、Enterキーを入力します。

※実務では、推測されにくい複雑なパスワードを設定しましょう。

変更履歴のロック	?	×
他の作成者が変更履歴をオフにできないようにします。		
パスワードの入力 (省略可)(E):		
パスワードの確認入力(R):		
(これはセキュリティ機能ではありません。)		
	OK	キャンセル

補　章

—

合格をより確実にするための
追加演習

合格をより確実にするための応用

> 合格をより確実にするために、1.削除・解除する問題、2.ミスをしやすい問題、3.応用問題の3つを追加演習としてお伝えします。
>
> ここでは、Wordファイル「応用-1」、Wordファイル「応用-2」、textファイル「応用」を使用します。

ここでは、合格をより確実にするために、1.削除・解除する問題、2.ミスをしやすい問題、3.応用問題を解説します。これらを理解しておけば、満点合格に近づけます。試験前日でもかまわないので、最低限ひととおり目を通しておくことをおすすめします。実際に解ければ、なおGoodです。

ここからは、Wordファイル「応用-1」とtextファイル「応用」を使用します。

Wordファイル「応用-1」

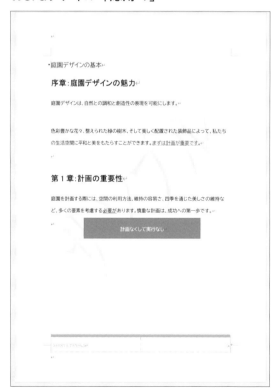

1 削除・解除する問題

　削除・解除は「右クリック」または「設定時と同じ場所」です。なお、数値で指定する項目は「0」が削除に該当します。

問題104　文字列「まずは計画が重要です」のハイパーリンクを削除してください。

問題104　解説

①文字列「まずは計画が重要です」を右クリックし、候補から〈ハイパーリンクの削除〉を選択します。

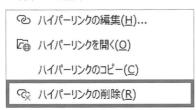

問題105　フッターを削除してください。

問題105　解説

①フッターをダブルクリックします。

②〈ヘッダーとフッター〉タブの〈ヘッダーとフッター〉グループ内〈フッター〉をクリックし、候補から〈フッターの削除〉を選択します。

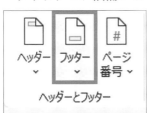

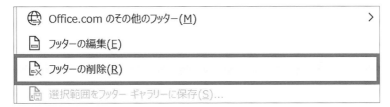

③Escキーを入力し、ヘッダーとフッターの編集を解除します。

問題106　透かしを削除してください。

問題106　解説
① 〈デザイン〉タブの右端〈ページの背景〉グループの〈透かし〉をクリックし、候補から〈透かしの削除〉を選択します。

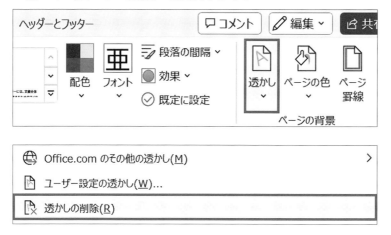

問題107　「色彩豊かな花々、…」から始まる段落の段落前の間隔を削除してください。

問題107　解説
① 「色彩豊かな花々、…」から始まる段落上で右クリックし、〈段落〉を選択します。
② 〈段落前〉を「0」に変更し、Enterキーを入力します。

前章

第1章

第2章

第3章

第4章

第5章

第6章

補章

2 ミスをしやすい問題

　操作自体は基本的な知識で解けるものの、ミスをしやすい問題を紹介します。一度ミスをすると同じ間違いをしにくくなります。「あえて間違える」くらいのつもりで、ぜひ実際に解いてみてください。

ここからは、Wordファイル「応用-2」とtextファイル「応用」を使用します。

Wordファイル「応用-2」

問題108　文書に「ファセット（偶数ページ）」のヘッダーを挿入してください。

問題108　解説

①ヘッダーをダブルクリックし、〈ヘッダーとフッター〉タブの〈ヘッダー〉から、「ファセット(偶数ページ)」を選択します。

※「ファセット(奇数ページ)」と間違えないよう注意しましょう。

問題109　「開催概要」の見出しの下にある空の段落に４行３列の表を追加してください。１列目に上から「回」「日時」「場所」「参加費」と入力します。

問題109　解説

① 「開催概要」の見出しの下にある空の段落に移動します。

② 〈挿入〉タブの〈表〉から〈表の挿入〉を選択します。

③ 〈列数〉に「3」、〈行数〉に「4」を入力し、Enterキーを入力します。

④ 1列目に、上から「回」「日時」「場所」「参加費」と入力します。

開催概要

回		
日時		
場所		
参加費		

※「1行目に左から」ではありません。非常に間違えやすいので、表の挿入が指示された場合、特に意識して問題文をよく読みましょう。

問題110　文書内のSmartArtグラフィック内にある「宇宙」の図形のスタイルを「パステル - 青、アクセント 1」に変更してください。

問題110　解説

① 文書内のSmartArtグラフィック内にある「宇宙」の図形を選択します。

※SmartArtグラフィック全体ではなく、「宇宙」の図形を選択する必要があります。

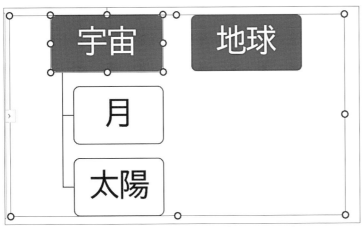

※宇宙の図形が白丸で囲まれていれば、正しく選択できています。

② 〈書式〉タブの〈図形のスタイル〉から「パステル - 青、アクセント 1」を選択します。

※「宇宙」の図形ではなくSmartArtグラフィック全体を選択している場合、〈図形のスタイル〉が選択できません。対象がSmartArtグラフィック全体なのか、SmartArtグラフィック内の図形なのかを、よく確認した上で操作しましょう。

※〈図形のスタイル〉ではなく、〈図形の効果〉の場合は、SmartArtグラフィック全体を選択していると、効果が全体に適用されます（**問題84**参照）。

問題111 「注意事項」の見出し内の太陽の図形について、文字列の折り返しを四角形にし、右下に配置してください。

問題111　解説

① 「注意事項」の見出し内の太陽の図形を選択します。
② 〈図形の書式〉タブの〈位置〉から、〈右下に配置し、四角の枠に沿って文字列を折り返す〉を選択します。

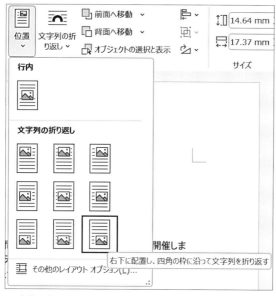

※手動で右下に配置した場合、誤りとなります。
※「左下に配置」「中央下に配置」など、「○○に配置」の指示があったら、〈位置〉ボタン内の候補から位置を選択しましょう。

問題112 挿入された箇所がピンクの色のみで表示されるように変更履歴を設定し、「開催概要」の見出しの後ろに「（日程追加の予定あり）」を挿入してください。変更した内容は記録し、変更後に記録は終了してください。

問題112　解説

① 〈校閲〉タブの〈変更履歴〉グループの ⌐ をクリックします。〈変更履歴オプション〉ウィンドウが起動します。

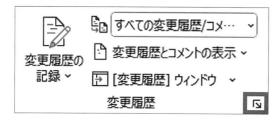

② 〈詳細オプション〉を選択します。

③ 〈挿入された箇所〉を〈色のみ〉、〈色〉を〈ピンク〉に変更し、Enterキーを入力します。

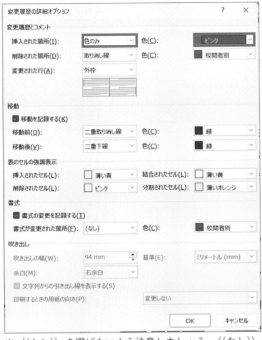

※ 〈(なし)〉を選ばないよう注意しましょう。〈(なし)〉だと色も付かなくなってしまいます。

④ 〈変更履歴オプション〉ウィンドウで〈OK〉をクリックします。

⑤ 〈校閲〉タブの〈変更履歴〉グループ内〈変更履歴の記録〉をクリックし、変更の記録を開始します。

⑥ 「開催概要」の見出しの後ろに「(日程追加の予定あり)」を挿入します。

※ 〈変更内容の表示〉を〈すべての変更履歴/コメント〉にすると、挿入箇所がピンク色になっているか実際に確認できます。

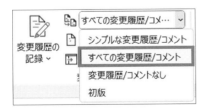

⑦ 〈校閲〉タブの〈変更履歴〉グループ内〈変更履歴の記録〉をクリックし、変更の記録を終了します。

3 応用的な問題

本番では全体でおよそ35問のうち、2~3問はやや応用的な問題が出題されます。

すべて不正解だとしても余裕を持って合格できる問題数ではありますが、難しい問題を見るとパニックになるかもしれません。今から慣れておくために、例題と解くコツをお伝えします。

操作が思いつかないような問題を、解けるようになるためのトレーニングです。いきなり解説を見ずに、まずは一度解いてみてください。

習ったことのない操作でも、場所を推測して設定できるようになると、実務が格段にはかどります。

問題113　文書の上下の余白を「30mm」に、行数を「40」に設定してください。

問題113　解説

① 〈レイアウト〉タブの〈余白〉から〈ユーザー設定の余白〉をクリックします。

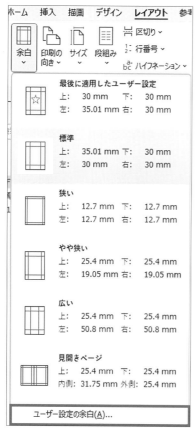

② 〈上〉〈下〉それぞれに「30」を入力します。

※ここまでは、復習です。

③〈文字数と行数〉タブに移動し、〈行数〉に「40」を入力しEnterキーを入力します。

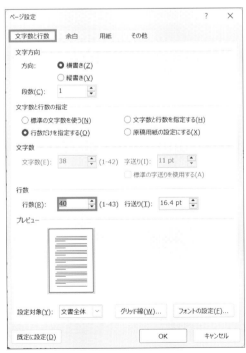

※設定する場所を覚える必要はありません。「見覚えのない指示があった場合に、どうやって設定箇所を見つけるのか」の探し方を覚えましょう。以降の問題も同様です。

問題114　見出し「持ち物リスト」から見出し「観測会の流れ」の「閉会の挨拶」までの段落を境界線のある2段組みに設定してください。段の間隔は「2字」に設定してください。

問題114　解説

①見出し「持ち物リスト」から見出し「観測会の流れ」の「閉会の挨拶」までの段落を選択します。

②〈レイアウト〉タブの〈段組み〉から〈段組みの詳細設定〉を開きます。

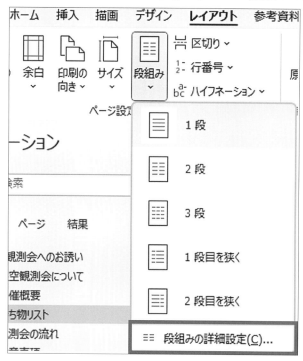

③種類を〈2段〉に変更し、〈境界線を引く〉にチェックします。

※ここまでは、復習です。

④〈間隔〉に「2」を入力し、Enterキーを入力します。

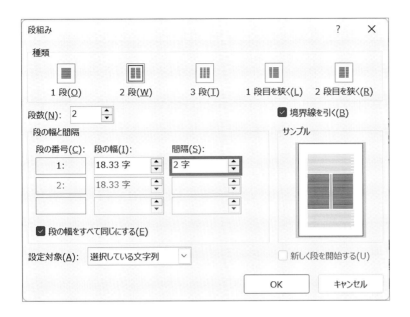

問題115　文書に「応用」という透かし文字を挿入してください。色を「赤」にします。

問題115　解説

① 〈デザイン〉タブの〈透かし〉の候補から〈ユーザー設定の透かし〉をクリックします。

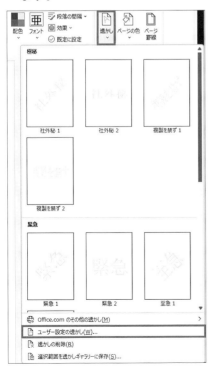

前章

第1章

第2章

第3章

第4章

第5章

第6章

補章

合格をより確実にするための追加演習

② 〈テキスト〉を選択し、〈テキスト〉に「応用」を入力します。

③ 〈色〉を「赤」に変更し、〈OK〉をクリックします。

※ 〈透かし〉ウィンドウでの〈適用〉と〈OK〉の違いは、ウィンドウを閉じるかどうかです。閉じずに設
　定内容を反映したい場合は、〈適用〉を使用します。

問題116　見出し「お問い合わせ」内にあるSmartArtグラフィックの「地球」の図形について、レベルを1つ下げてください。

問題116　解説

① 見出し「お問い合わせ」内にあるSmartArtグラフィックを選択し、〈テキストウィンドウ〉を開きます。

※ 〈テキストウィンドウ〉が表示されていない場合、SmartArtの左側の ◁ ボタンをクリックしましょう。

② 〈テキストウィンドウ〉上の「地球」の段落を右クリックし〈レベル下げ〉を選択します。

※「上/下への移動は右クリックだったな」と右クリックメニューを探してみれば、処理が見つかったはず
　です。

※ショートカットキーだと、Tabでレベル下げ、Shift+Tabでレベル上げができます。

問題117　文書内の月の図形を、代替テキストの読み上げ対象外にしてください。

問題117　解説

① 月の図形を右クリックして〈代替テキストを表示〉を選択します。

⊠	図表番号の挿入(N)...	
⊃⊂	文字列の折り返し(W)	＞
⊠	代替テキストを表示(A)...	
	既定の図形に設定(D)	
⊡	その他のレイアウト オプション(L...	
⬦	図形の書式設定(O)...	

② **〈装飾用にする〉にチェックを付け、〈×〉をクリックしてウィンドウを閉じます。**

代替テキスト　　　∨　×

目の見えない人や視覚に障碍がある人にこのオブジェクトとそのコンテキストをどのように説明しますか?
- 対象の詳細情報
- 設定
- 操作や相互作用
- その他の関連情報

(詳細な 1 - 2 文を推奨)

装飾用としてマークされているコンテンツの説明は、スクリーン リーダーには公開されません。

☑ 装飾用にする ⓘ

```
memo
```

指示と同じ操作がなくても焦らず推測する

　問題**117**の指示は「読み上げ対象外に」することでしたが、〈読み上げ対象〉という名称の設定項目は存在しません。

　このようなケースでも、どの設定を変更すればいいかを焦らず推測しましょう。

・代替テキストウィンドウ内に、テキストボックス以外で設定できる項目は〈装飾用にする〉のみである

・〈装飾用にする〉をチェックすると、代替テキストがグレーアウトして入力不可となる

　これらのヒントから〈装飾用にする〉をチェックすれば代替テキストが読み上げ対象外になると推測できます。

問題118　文書内にある太字が設定されている文字列のフォントの色を「赤」にすべて置換してください。

問題118　解説
①Ctrl+Hを入力し、〈検索と置換〉ウィンドウを起動します。
②〈検索する文字列〉のテキストボックスにカーソルがある状態で〈オプション〉の〈書式〉をクリックし、候補から〈フォント〉を選択します。

※「オプション内のどこかにフォントを指定できる箇所があるのでは」と推測できればGoodです。
※ウィンドウを起動した時点で、〈検索する文字列〉にカーソルが当たっています。カーソルの移動は不要です。
※まずは、検索対象のフォントを指定します。

③〈スタイル〉から〈太字〉を選択し、Enterキーを入力します。

④〈置換後の文字列〉のテキストボックスをクリックしてカーソルを移動し、〈オプション〉の〈書式〉をクリックして候補から〈フォント〉を選択します。

※続いて、置換後のフォントを指定します。

※〈置換後の文字列〉のテキストボックスをクリックするのを忘れないようにしましょう。忘れた場合、再び〈検索する文字列〉のフォントの指定画面になってしまいます。

⑤〈フォントの色〉から〈赤〉を選択し、〈OK〉をクリックします。

※〈検索する文字列〉〈置換後の文字列〉それぞれのボックスの下に指定した書式が表示されます。

検索する文字列(N):	
オプション:	あいまい検索 (日)
書式:	フォント:太字
置換後の文字列(I):	
書式:	フォントの色:赤

⑥〈すべて置換〉をクリックします。

※「○個の項目を置換しました。先頭から検索を続けますか?」のメッセージが表示された場合は、〈はい〉を選択します。

⑦Enterキーを入力してメッセージを閉じ、Escキーを入力して〈検索と置換〉ウィンドウを閉じます。

問題119　ファイルを「機密文書」という名前でデスクトップに保存してください。保存の際に、読み取りパスワード「123」を設定してください。

　　　　※問題を解く前に、ここまでの内容をWordファイル「応用-2」に保存しておきましょう。Ctrl+S（SaveのS）で上書き保存できます。この問題以降、変更の保存先がデスクトップの「機密文書」に切り替わります。

問題119　解説

①F12キーを入力して〈名前を付けて保存〉ウィンドウを立ち上げ、保存先をデスク
　トップにして〈ファイル名〉に「機密文書」を入力します。

※ここまでは復習です。

②〈保存〉ボタンの左〈ツール〉をクリックし、候補から〈全般オプション〉を選択
　します。

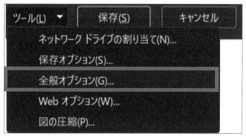

※迷わずに〈全般オプション〉を開ける必要はありません。「〈名前を付けて保存〉ウィンドウ内のどこかに
　設定箇所があるはず」と推測し、〈ツール〉の中身を上から開いていった結果、〈全般オプション〉でパス
　ワードの設定箇所にたどり着ければ良いです。

③〈読み取りパスワード〉に「123」を入力し、Enterキーを入力します。

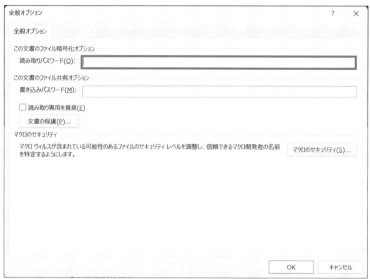

※〈書き込みパスワード〉には何も入力しません。確認用と勘違いして入力してしまいやすいため、注意し
　ましょう。

④パスワード確認画面にて、再度「123」を入力しEnterキーを入力します。

⑤〈保存〉ボタンをクリックします。

2

出題される可能性の低い試験範囲

> ここでは、第1章第3節3「印刷の設定を変更する」、第1章第3節4「電子文書を共有する」、第5章第1節5「スクリーンショットや画面の領域を挿入する」の3つをお伝えします。

第1章第3節3「印刷の設定を変更する」、第1章第3節4「電子文書を共有する」、第5章第1節5「スクリーンショットや画面の領域を挿入する」は、正解したかどうかの検証がシステム上難しいため、出題される可能性が低いです。

それぞれの操作方法について、簡単に解説します。実務での参考にしてください。実際に操作したい場合は、新規Wordファイルか、演習用Wordファイル、どれでもかまいませんのでご利用ください。

1 印刷の設定を変更する

作成した文書ファイルを印刷したい場合に利用する機能です。

問題120　1ページ目から3ページ目を、両面2分割で印刷してください。

問題120　解説

①**Ctrl+Pを入力します。印刷画面に移動します。**

②**〈ページ〉に「1-3」と入力します。**

※連続したページは「開始ページ番号−終了ページ番号」の形式で指定します。
※カンマ区切りで、連続しないページ数を指定できます。（例）1ページ目と5ページ目を印刷したい場合は「1,5」

③**〈片面印刷〉を〈手動で両面印刷〉に変更します。**

※自動で両面印刷する機能があるプリンターの場合、〈手動で両面印刷〉ではなく〈両面印刷〉が選択肢になります。

④**〈1ページ/枚〉を〈2ページ/枚〉に変更します。**

⑤**〈印刷〉をクリックすると、印刷が行われます。**

Ctrl+P（PrintのP）で印刷

印刷画面を開くショートカットキーはCtrl+Pです。PはPrintのPと覚えましょう。

印刷設定は〈レイアウト〉タブと同じ

　問題120の印刷画面で変更できる〈印刷の向き〉〈用紙サイズ〉〈余白〉などの設定は、〈レイアウト〉タブから設定できるものと同じです。

　〈レイアウト〉タブでの設定内容が初期値になり、印刷画面上で設定変更した場合〈レイアウト〉タブ上での値も変更されます。

2 電子文書を共有する

インターネット上で文書を共有する機能です。

問題121　文書を共有するリンクを取得してください。リンクを知っているすべての　　ユーザーがファイルを閲覧できるようにします。

問題121 解説

※パソコンがインターネットに接続され、MicrosoftのアカウントでOfficeにサインインしている必要があります。

※OneDrive上にファイルが保存されている前提です。

① 〈ファイル〉タブの〈共有〉をクリックし、〈ユーザーと共有〉ボタンを選択します。

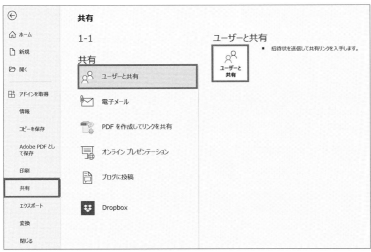

※ファイルがOneDriveに保存されていない場合は、〈クラウドに保存〉など別のボタンが表示されます。〈共有〉クリック後に表示される指示に従ってください。

② 〈リンクのコピー〉内の〈リンクを知っていれば誰でも編集できます〉をクリックします。

※〈リンクを知っていれば誰でも編集できます〉は2箇所あり、**問題121**では下側〈リンクのコピー〉内です。上側は、特定の誰かにリンクを送信したい時に使用します。

×

リンクの送信
あ.docx

⊕ リンクを知っていれば誰でも編集できます ›

宛先: 名前、グループ、またはメール   ✏ ⌄

メッセージ...

○   送信

リンクのコピー

⊕ リンクを知っていれば誰でも編集できます ›   コピー

⧉ コピーを送信 ⌄

前章
第1章
第2章
第3章
第4章
第5章
第6章
補章
合格をより確実にするための追加演習

③〈編集可能〉をクリックし、選択肢から〈表示可能〉に変更し〈適用〉をクリックします。

④**表示されたリンクを〈コピー〉ボタンでコピーします。**

※実務では、このリンクをチャットツールやメールで共有して使用します。

3 スクリーンショットや画面の領域を挿入する

パソコンの操作画面を画像として挿入できる機能です。問題形式での出題が難しいため、操作方法のみお伝えします。

解説

①〈挿入〉タブの〈図〉グループから〈スクリーンショット〉を選択します。

②（ウィンドウを丸ごと挿入したい場合）挿入したいウィンドウを選択します。

②（領域を指定して挿入したい場合）〈画面の領域〉を選択して、領域の始点から終点をドラックします。

memo

● 試験本番に向けて

1 試験のイメージを掴む

ざっくり、どういうふうに試験が進むのかを事前に理解しておきましょう。

これからお伝えする試験画面に関する情報は、試験当日にも説明されるため、覚えておく必要はありません。会場に着いたら、受験する前にパソコン上にチュートリアルが表示されます。操作方法や諸注意などをじっくり読めるので、そこで改めて、よく確認しましょう。

試験では、5～10個のWordファイルが用意され、1つのWordファイルに対して1～6問が出題されます。Wordファイルごとの問題のまとまりを「プロジェクト」と呼び、そのプロジェクトの問題を解き終わったら次のプロジェクト（別のWordファイル）へ移動して、また問題を解くを繰り返します。

画面上には、Wordファイルとは別に試験パネルが表示され、問題の表示や次のWordファイルへの移動など試験に関する操作が行えます。以下は、著者が自作した試験パネルのイメージ画像です。Wordの下に表示されているのが試験パネルとなります。

※実際の試験では、見た目やボタンの配置、名称が異なる可能性があります。試験開始前のチュートリアルをよく確認しましょう。

項目名	説明
問題番号	今開いている Word に関する問題番号です。 現在表示中の番号が強調表示され、ほかの番号をクリックすると問題文が切り替わります。
回答済みにする	セルフチェック用の機能です。 クリックして回答済みにした問題をレビューページで確認できます。 ※チェックの有無は採点に影響ありません。
あとで見返す	セルフチェック用の機能です。 クリックした問題をレビューページで確認できます。 ※チェックの有無は採点に影響ありません。
リセット	Word ファイルを初期化する機能です。 誤操作をして元に戻せなくなった場合や初めからやり直したい場合に使います。
次のプロジェクト	次の Word ファイルを開きます。
レビューページ	〈回答済みにする〉〈あとで見返す〉をクリックした問題を一覧上で確認できます。

レビューページは以下のような画面です。問題No.をクリックすると、その問題が表示された状態でWordファイルが開かれます。

レビューページ

プロジェクト	問題No.	あとで見直す	回答済み
プロジェクト1	1	○	
	2	○	
	3		○
	4		○
プロジェクト2	1		○
	2		○
	3		○
	・		
	・		
	・		

2 わからない問題は後回し

試験には50分間の時間制限があります。まずはすぐに解けそうな問題だけを、すべて解いてしまいましょう。時間がかかりそうな問題、操作自体が思い浮かばない問題は、〈あとで見直す〉機能にチェックを付けて飛ばしてOKです。

解けそうな問題だけでもひととおり解き終わると、緊張が和らぎ冷静になってきます。まずは全体を1周してしまいましょう。

3 満点を目指さず解ける問題を確実に

前章第1節3「7割目指して基礎を重視する」でも述べたとおり、MOS Word試験の合格基準点は、1,000点満点中550〜850点と公表されていますが、直近の傾向では700点が合格ラインです。全体の7割に正解すれば良いので、4問中1問は間違えられる計算です。

本書の問題が解説なしで解けるようになっていれば、難しい問題をすべて飛ばしたとしても余裕で合格点に達するはずです。難しい問題や間違えた可能性がある問題に執着せず、解ける問題で確実に得点していきましょう。

わからない問題を頑張って解こうとするよりも、すでに解けた問題の再チェックのほうが重要です。特に指示の見落としや操作ミスには注意し、必ず1回は見直ししましょう。

4 余計な操作は行わない

試験では、「指示どおりに操作できたか」だけでなく「指示以外の余計な操作をしていないか」も採点対象となります。指示されていない操作は行わないようにしましょう。

（指示されていない操作の例）「上下の余白を」の指示に対し、左右の余白も変更してしまう。

操作ミスなどで余計な操作をした可能性がある場合は、〈リセット〉機能を使うのも手です。リセットをするとWordファイルが初期状態に戻り、そのプロジェクトのすべての問題を解き直す必要があります。制限時間とも相談して決めましょう。

5 合格はゴールではなくスタート

最後に、合格はゴールではなくスタート地点です。「Wordを使いこなせるようになって、残業時間を減らしたい」「新しい仕事にチャレンジしたい」「資格を取得して、自信をつけたい」など、何かしらの目標があって資格に挑戦しているはずです。

資格を取得した後の未来を想像した上で、試験に臨みましょう。難局を乗り切るための支えになってくれるはずです。

〜合格体験記をお聞かせください〜

※Amazonの商品ページに遷移します。レビュー
　欄に合格体験記や本書の感想をお寄せください。

索　引

●著者紹介●

じゃぱそん

田中　慎也（たなか　しんや）

1989年葛飾生まれ。早稲田大学社会科学部卒。
株式会社じゃぱそん代表。
株式会社東京リーガルマインド(LEC)提供の「MOS365講座（Excel）」
講師、株式会社DIK＆Company主催のExcel講座「ExcelCamp」講
師、自社のWebライティング講座「ライじゃぱ」講師・運営統括。
株式会社大塚商会にてエンジニア、デロイト トーマツ コンサルティ
ング合同会社にてITコンサルタントを経て現職。
前職の経験を活かし、オンラインで講師を務める。ITツール全般、
プログラミング、ライティングを得意とする。現場で200名以上にプロ
グラミングを教え、オンライン教育プラットフォーム「Udemy」
では2,500名以上に動画講座を提供。法人向けの社内研修・マニュア
ルの作成、SEO記事の執筆などでも活動中。

出るところだけ網羅した103問
最短合格！MOS Word 365徹底演習

2024年6月30日　初版第1刷発行

著　者——じゃぱそん
　　　　　ⓒ2024 japason
発行者——張 士洛
発行所——日本能率協会マネジメントセンター
〒103-6009　東京都中央区日本橋2-7-1　東京日本橋タワー
TEL 03（6362）4339（編集）／03（6362）4558（販売）
FAX 03（3272）8127（編集・販売）
https://www.jmam.co.jp/

装　丁————後藤紀彦（sevengram）
本文DTP————株式会社明昌堂
印刷所————シナノ書籍印刷株式会社
製本所————株式会社三森製本所

本書の内容に関するお問い合わせは、2ページにてご案内しております。

ISBN978-4-8005-9243-9 C3055
落丁・乱丁はおとりかえします。
PRINTED IN JAPAN